普通高等教育土建学科「十三五」规划教材

公共艺术赏析
——八种特定环境公共艺术案例

GONGGONG YISHU SHANGXI

王鹤 著

华中科技大学出版社
http://www.hustp.com
中国·武汉

图书在版编目（CIP）数据

公共艺术赏析：八种特定环境公共艺术案例/王鹤著.—武汉：华中科技大学出版社，2020.1（2023.1重印）
普通高等教育土建学科"十三五"规划教材
ISBN 978-7-5680-5516-1

Ⅰ.①公…　Ⅱ.①王…　Ⅲ.①环境设计-高等学校-教材　Ⅳ.①TU-856

中国版本图书馆 CIP 数据核字（2019）第 215519 号

公共艺术赏析——八种特定环境公共艺术案例　　　　　　　　　　　　　　　王　鹤　著
Gonggong Yishu Shangxi——Ba Zhong Teding Huanjing Gonggong Yishu Anli

策划编辑：康　序
责任编辑：赵巧玲
责任校对：张会军
封面设计：孢　子
责任监印：朱　玢
出版发行：华中科技大学出版社（中国·武汉）　　　电话：(027)81321913
　　　　　武汉市东湖新技术开发区华工科技园　　　邮编：430223
录　　排：武汉三月禾文化传播有限公司
印　　刷：湖北新华印务有限公司
开　　本：880 mm×1230 mm　1/16
印　　张：9
字　　数：239 千字
版　　次：2023 年 1 月第 1 版第 2 次印刷
定　　价：58.00 元

前言

由于自身特色使然,相对于传统雕塑艺术创作,公共艺术对环境的归属性更强甚至与环境不可分割。针对不同的环境特征,近年来世界范围内公共艺术在尺度上、形态上都产生了显著的分化,类型特征日渐鲜明。从环境入手,有助于抓住公共艺术的精髓,打破传统上认识公共艺术的类型学局限。八种特定环境分别是公园、广场、步行街、大学校园、滨水、建筑内外、地铁空间和公路沿线。这些环境类型中,公园、广场、建筑内外在与艺术结合方面历史悠久,新兴公共艺术在其中体现出对传统雕塑景观的继承与创新,同时又有功能上的拓展;步行街、地铁空间等环境类型自身就是新商业形态和新交通方式的产物,因此更早认识到了公共空间艺术创作的意义。总体而言,上述八种特定环境基本包含公共艺术主要存在的环境,并且能够概括当前公共艺术主要受众的生活与工作区域。

本书主要针对八种公共艺术重点依托的特定环境展开。每一章的内容都包括该环境类型中公共艺术与空间形态或人文内涵互动的历史沿革,并根据时间脉络梳理每个年代有代表性的公共艺术案例,以发现其演进规律。对 2010 年以后公共艺术的案例分析是研究重点,分析要素包括落成时间、地点等信息,委托方意愿,作者风格,设计意图,设计及施工过程,与环境的关系,完工后的评价与社会效果。在标题和目录中,一般标注城市和作品名。少数案例城市不够著名或不在城市中(比如在滨水地段),就介绍国家名。每一章都高度重视对中国公共艺术发展的启迪,因此都会单独分析中国此类环境类型公共艺术的一个案例,指出与国际潮流趋势同步、超越的可喜势头,或有待完善之处,以及某些方面的中国特色。

每一章都力求在案例分析和对比研究的基础上,归纳总结此环境类型公共艺术现在已经呈现出来,并且将延续一段时间的发展趋势。本书还以"广场公共艺术"为例,通过对一系列最新案例的分析,总结出广场公共艺术越发注重通过设计手段创新来节省空间,以不阻碍交通流线、完善广场功能的趋势。首先是采用二维剪影等平时适用于步行街的设计方法,以有效节省使用空间,这一点在得梅因市《克鲁索的伞》的案例中体现得格外明显;其次是架空,几乎完全不占用广场空间,这需要将公共艺术与建筑形式有机结合起来,芝加哥《火烈鸟》的案例是这方面的代表;最后是走向临时化,在有限的空间内轮换或暂时性地陈设公共艺术作品,使它们介于永久性和临时性之间,既保证了艺术的推陈出新,也避免了空间不足的问题。与此同时,广场公共艺术在发展中也深深受到技术进步的推动,具体表现为数字化设计、声控、太阳能发电技术的广泛采用。数字化设计与一体化施工助推了很多难度大、非线性的作品形态的出现,提高了施工的精度并降低了成本;声控与其他技术的成熟使公共艺术与公众的互动达到了新的水平。

为了更好地提升教学效果,每一章最后一节都会设置延展阅读、开放性探讨和创意训练三个模块,突出著名公共艺术设计师的生平、相关技术问题等,并通过开放式讨论议题鼓励学生自由探索与开放式讨论,创意训练安排了一份有代表性的学生的作业。

创意训练共安排五个主要考察点:环境契合度、主题意义、形式美感、功能便利性与图纸表达。之所以选择这五个考察点,主要是基于三点考虑:艺术创作的规律、公共艺术创作规律和教学规律。首先,从所有艺术创作的角度来说,形式美感(形式)与主题意义(内容)都至关重要,著名的艺术理论家豪泽尔认为:"艺术质量和艺术完成自己任务的先决条件是成功的形式。所有艺术皆自形式始,尽管不以形式终。一件作品要进入艺术领域必须具有最起码的艺术形式。"其次,具有功能性是当代公共艺术的显著特征之一,也是公共艺术融入都市环境的必要条件,因此有必要对功能便利性进行考察。再次是教学规律,按照教学评价的要求,并出于归档考虑,要求以 A1 图纸为作业格式,有必要考察信息传达、标注等内容,因此考察图纸表达。

本书为天津市新时代"课程思政"改革精品课"设计与人文——当代公共艺术"的配套教材,同时与华中科技大学出版社出版的"十三五"规划教材《公共艺术设计——八种特定环境公共艺术设计》互为搭配,前者注重知识传授、开放讨论,后者重视实训操作和动手环节,两者组合运用能够更好地满足国内高等院校建筑、规划、环境设计、公共艺术等专业的需求,同时也满足"设计与人文——当代公共艺术"和"全球公共艺术设计前沿"两门课程在中国大学慕课、超星尔雅和智慧树三家国内主流平台公开课数万名学习者的需求,顺应教学信息化的大趋势。

经实践反馈,基于特定环境的公共艺术设计教学成功地将公共艺术设计技能与建筑设计、城乡规划设计、室内外环境设计、家具陈设设计等专业技能有机地结合,抓住社会需求,帮助学习者掌握正确的环境调研方法,成功地达到了训练目的。从长远来看,随着公共艺术成为设计学下的新专业,基于特定环境的公共艺术设计教学必将为中国公共艺术建设培养更多高质量人才,从而达到美化城市环境,培育社会艺术氛围,提升国家文化软实力的效果。

编　者
2019 年 3 月

CONTENTS 目录

第1章

公园公共艺术精品案例赏析
GONGYUAN GONGGONG YISHU JINGPIN ANLI SHANGXI

早在古希腊、古罗马时期,庭院装饰雕塑就成为风靡于皇室贵族中的文化消费。17—18 世纪法国波旁王朝掀起了皇室公园装饰雕塑的建设高峰,凡尔赛宫花园中的海神雕塑就是最具代表性的范例。进入公共艺术时代后,公园仍然是首选的重要环境之一。我们有必要从最为经典并具有开创性意义的巴塞罗那公园公共艺术开始,梳理公园公共艺术形态的演变。

1.1 公园与公共艺术结合的典范——巴塞罗那系列实践

以加泰罗尼亚人为主体居民的巴塞罗那是西班牙文化版图上的重要城市,培养过高迪、毕加索、达利等艺术大师。以 1992 年巴塞罗那奥运会为契机,巴塞罗那掀起了一股公共艺术建设热潮,其最主要的环境场地,就是遍布市区和郊区的大小公园。因此,巴塞罗那这座城市,在很大程度上引领了 20 世纪末公共艺术与公园内环境结合的浪潮。这里主要列举以下三个公园的例子。

 西班牙巴塞罗那工业公园公共艺术

传统的公园公共艺术保持着艺术家原有的造型风格,对游乐功能所做的妥协是有限度的,基本只能满足儿童的冒险性游戏和戏水游戏这两种主要游戏需求。要想进一步实现儿童成长所需最基本的体力性游戏,公共艺术必须进一步与游戏设施结合。在这方面最成功的作品当属西班牙巴塞罗那工业公园内的公共艺术作品——《黑龙》。(见图 1-1)

1. 项目选址

众所周知,巴塞罗马是西班牙加泰罗尼亚大区的首府。加泰罗尼亚人有着独特的语言和文化传统,城市文化艺术氛围浓厚。西班牙工业公园位于巴塞罗那桑茨火车站附近,位于城市繁华区,包含了较大面积的水体与植被,是巴塞罗那市民们休闲放松的主要去处之一。(见图 1-2)

2. 项目背景与作者

《黑龙》的设计者是西班牙艺术家安德莱斯·内格尔(Aadres Nagel)。设计者与规划师一同根

※ 图 1-1 西班牙工业公园内的《黑龙》

※ 图 1-2 《黑龙》远眺

据公园、周边道路的形态,巧妙安排了作品位于街角的独特位置,既没有占用宝贵的水面,又满足了

尽可能多的视角,也使公园内的游乐设施型公共艺术能够为街道上的儿童服务,实现开放城市背景下的资源共享。(见图1-3)

3. 作品形式与主题

作者在《黑龙》创作过程中运用了二维剪影式创作手法,巨大的黑龙轮廓被简化得如儿童画一般,消解了恐惧感,反而显得憨态可掬。作者利用西方传说中的龙头、龙尾宽度较窄这一特点,在两片按照龙形轮廓切割的钢板之间安排了楼梯,利用两翼宽度较大的特点设置了滑道,能满足相当数量的儿童同时游戏的需求,并且兼顾了体力性和冒险性游戏的需求。

4. 项目社会反响

《黑龙》与特定的空间位置很好地契合在一起。使这样一个城市中心区公园在占地面积不大的同时,综合实现了多种功能,又具有艺术性和知名度,反映出巴塞罗那在都市开发中将规划、艺术等问题系统考虑的远见。(见图1-4)

5. 学习要点

传统上,体力性游戏可以锻炼儿童的跑、跳、攀爬、投掷、滑行、旋转等基本动作,往往需要摇荡类、滑行类、回旋式等多种专业器械,这些设施形象特征比较单一,难以融入城市环境。在这方面,公共艺术有巨大的用武之地,《黑龙》展现的创意就是一例。

※ 图1-4 《黑龙》作品与水体的结合

 1.1.2 **巴塞罗那库莱伍艾塔·德鲁·考鲁公园公共艺术**

许多著名的公园与公共艺术结合的案例,如拉维莱特公园场地面积开阔,奥登伯格基本在平坦的草坪上开展设计,受到环境的制约相对有限,而很多公园内部景观可能存在非常明显的高差。这就对公共艺术与环境的结合程度提出了新的要求。

1. 项目选址

与许多人想象的不同,巴塞罗那是一座位于群山环抱之中的城市。在其正北方,沿盘山道蜿蜒向上就是库莱伍艾塔·德鲁·考鲁公园。该公园的主体是一座山谷中的巨大水池,体现出人工环境与自然环境一体化设计的巧妙之处,巴塞罗那市民多选择在此戏水游乐,亲近自然。在这样一座山地和水体为主的公园中,适合公共艺术布置的平地十分宝贵,设计难度很高。(见图1-5和图1-6)

※ 图1-5 库莱伍艾塔·德鲁·考鲁公园远眺

和图 1-8）

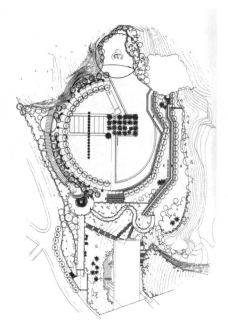

图 1-6　库莱伍艾塔·德鲁·考鲁公园平面图

2. 项目背景与作者

考虑到公园特殊的地形，西班牙艺术奇才达利进行了一次大胆的尝试。他的手形雕塑充分利用该公园群山环绕水体的独特环境，利用高强度钢索，借鉴现代桥梁设计中的张拉索受力方式，使带有达利标志的巨大混凝土体块悬挂在水池之上，带给观众非比寻常的强大视觉冲击力。我们可以进一步通过公园平面图中标示的达利作品所在地来看出，新奇不拘一格的公共艺术布置方式是如何节省空间，并被尽可能多的观众所欣赏的。（见图 1-7和图 1-8）

※ 图 1-7　公园环境优美，水体面积很大

※ 图 1-8　库莱伍艾塔·德鲁·考鲁公园内的
　　　　　　达利作品

3. 作品形式与主题

对达利来说，采用这种张拉悬挂方式不是对环境的被动适应，而是充分利用环境发挥自己的风格最大表现力的一种创举。众所周知，这种既有无机体的规整、精准，又有有机体随意舒展特征的结构，是达利的标志性艺术语言，尤以其家乡的《风之梳》最为著名。但因为这一结构体的主要分支都向一个方向展开，因此其根部形态必然受限，并不适合全方位观看，这也是《风之梳》中这些结构体都固定于峭壁之上的原因。但是库莱伍艾塔·德鲁·考鲁公园的这件作品运用了相近的元素，由于采用了悬吊形式，将最具表现力的部分展现出来，而将最不适宜观看的部分留给天空，从而使作品获得了几近完美的艺术效果。（见图 1-9 至图 1-11）

※ 图 1-9　达利作品与水面距离很近

※ 图 1-10　公共艺术作品提升了浴场的艺术氛围

※ 图 1-11　作品极具张力

4. 项目社会反响

作品落成后,独特的形式与优美的环境契合得天衣无缝,为底部的浴场增添了浓郁的文化艺术氛围,成为热爱艺术的巴塞罗那市民周末度假休闲的好去处。

5. 学习要点

由这一案例可见,特殊环境有可能成为对作品的制约,但也有可能转危为机,提升作品的艺术效果,作者的创造性思维在这里占据着重要的位置。

 1.1.3　巴塞罗那北站公园

1. 项目选址

在公共艺术与游戏功能结合方面,巴塞罗那旧城哥特区东部的北站公园是一个成功的榜样。西班牙巴塞罗那北站公园是为了 1992 年奥运会对原有的北火车站进行改建而成的新城市公园,周边人流密集,特别是儿童对游戏有着超过休闲的强烈需

求。(见图 1-12 和图 1-13)

※ 图 1-12　巴塞罗那旧城区哥特区北站公园全景

※ 图 1-13　北站公园平面远眺

2. 项目背景与作者

这一公园是雕塑家贝尔利·佩伯(Beverly Pepper)在建筑师、规划师的支持下设计完成的。作为一位艺术家,贝尔利·佩伯终其一生都在探索

自然和宇宙的关系,这也反映在他的作品形态中。他利用整整两个街区的空间,成功地通过造景将"绿和水"这一主题抽象化,公园一边是波浪,又像是小山,一边是漩涡,但更像是下沉式广场,两者颜色相对,正负相对,体现出一种平衡感,从航拍照片看去颇为类似中国阴阳鱼图案。

3. 作品形式与主题

"波浪"上通体覆盖着蓝色瓷砖,与天空相映有着微妙的层次变化,特别是在阳光下能产生迷人的视觉效果。更主要的是,这件艺术作品还提供了一种人工模仿自然事物的可能性,同时满足了孩子们对多种游戏形式的需求。瓷砖本身是光滑的,小山的坡度也很缓,安全性有充分的保障,体现了雕塑家与规划师、工程师的精诚合作。(见图1-14至图1-16)

※ 图1-16 "波浪"的肌理十分丰富

游人来此聚集,提升人气,最终扩大这一地区的知名度,起到丰富居民休闲活动、盘活社区经济等多种社会功能。(见图1-17)

※ 图1-14 由雕塑家完成的作品极具雕塑感

※ 图1-15 作品与光线的关系

4. 项目社会反响

巴塞罗那的经验表明,这种带有游乐功能的公共艺术不但能提高一个地区的艺术品位,还能吸引

※ 图1-17 "波浪"近景

5. 学习要点

在这一案例中,作者创造性地利用陶瓷材料,满足游戏需求,同时兼顾景观美感和安全性,使项目获得极大的成功。

1.2 公园与公共艺术结合的争议——伦敦奥林匹克公园

伦敦奥林匹克公园是 19 世纪以来英国新建最大的城市公园,被英国视为一场城市复兴的实践。因此占地 250 英亩的公园设计采取可持续发展的设计方法,不仅为奥林匹克运动会提供服务,同时考虑将来成为英国乃至国际的城市绿地空间。该项目最初的总体规划由 EDAW 为首的设计团队完成。2008 年后,由哈格里夫斯(Hargreaves)北美项目组和英国 LDA 景观设计协会(Landscape Design Associates)共同对景观总体规划进行了修订,公共艺术建设是整体景观与策略制定中的重要因素。通过邀请当地艺术家和社区居民参与,奥林匹克公园公共艺术在融入社区方面取得了很大的成功,多达 35 个永久性或临时性公共艺术品陆续展开并完成。最有代表的包括公园围栏上的《飞行光谱》、怀特沃特河内的《石碑》、结合了园林设计的《野花丛》等。此处重点介绍知名度和曝光率都更高的代表性作品——轨道塔。(图 1-18 和图 1-19)

※ 图 1-19 伦敦奥林匹克公园平面图

钢架中的垂直电梯和观景平台,也能分辨出一条玻璃走道围绕着中心柱,从地面盘曲而上,除此之外别无他物。(图 1-20)

※ 图 1-18 伦敦奥林匹克公园鸟瞰

※ 图 1-20 《轨道塔》远视图

1. 项目选址

2010 年 3 月,一座还在论证中就被宣传为能与埃菲尔铁塔比肩的建筑——伦敦《轨道塔》(全称直译为安塞洛·米塔尔轨道)在伊丽莎白女王体育场旁边落成。人们隐约能看到包裹在红色网格状

2. 项目背景与作者

这样一座享有伦敦历史上最大公共艺术的美誉,且是 2012 年伦敦奥运会和残奥会地标塔的奇特建筑能够建成,必定离不开几个介乎勇敢与疯狂之间的人。

第一个就是伦敦市长鲍里斯·约翰逊。这位2008年当选的伦敦市长以特立独行著称，2008年北京奥运会闭幕式上接过会旗时的轻慢态度激怒了众多国人。另一方面这位市长也以敢想敢干著称，并以骑自行车上班实践低碳主张。当他于2009年出席达沃斯论坛时，邂逅了印度裔英国人钢铁巨头米塔尔，米塔尔掌握着世界排名第一的阿塞洛米塔尔钢铁集团。两人就伦敦奥运会地标塔建设达成了诸多一致的意见，其中包括阿塞洛米塔尔集团出资和使用钢铁材料等。

第三位则是以《云门》著称于世的阿尼什·卡普尔。他在50余位知名设计师参加的设计大赛中一举胜出。阿尼什·卡普尔的设计才华固然无可非议，但当印度裔英国人的米塔尔担任三人评审团核心时，选出这样一位同是印度裔的设计师也是意料之中的。著名结构工程师塞西尔·巴尔蒙德作为搭档与他一同中标，并负责解决复杂的结构问题。

3. 作品形式与主题

出资人和设计者的一致愿望是超过埃菲尔铁塔。可能是为了与规整对称的埃菲尔铁塔形成反差，设计者选用了如此不规则几近漫天飞舞的主体结构。包裹着不同高度的两个观景平台以及一个位于地面的游客中心。游客乘电梯抵达平台可以一览整个奥林匹克公园甚至雾都伦敦的全景，当然是在没有雾的时候。游客也可乘电梯折返，但设计者更希望人们能沿着透明的旋转楼梯下降至地面，途中还可以欣赏阿尼什·卡普尔的两件镜面雕塑。整体建设共耗用2000吨钢铁，相当于1136辆伦敦著名的黑色出租车总重。阿塞洛米塔尔钢铁集团自豪地宣称其中60%都是循环利用的，符合环保理念。（图1-21至图1-25）

❋ 图1-22 《轨道塔》立面图

❋ 图1-21 《轨道塔》局部

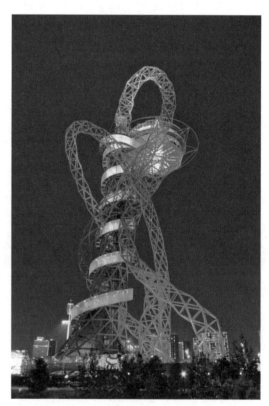

❋ 图1-23 《轨道塔》夜景

尖碑的印迹。但114.5米高的伦敦《轨道塔》不能。它既不对称,也不符合任何几何形态,更不是对任何已知生物形态的模仿。从好的一方面来说,它就是它自己,而不是对任何事物的模仿;从坏的一方面来说,它无法被描述,也就不能被分类和评价,这限制了它的影响力的传播。(图1-26至图1-28)

※ 图1-24 《轨道塔》设计图

※ 图1-25 《轨道塔》远景

※ 图1-26 《轨道塔》正在施工

※ 图1-27 游人可以体验一滑而下的刺激

要评价伦敦《轨道塔》是困难的,因为它很难被描述。无论以往见到的建筑和雕塑有多么惊世骇俗,只要它们根据形式美法则和一定的构成逻辑建造,就都是可以描述的,比如贝聿铭为罗浮宫设计的入口可以描述为一座玻璃金字塔;芝加哥的《云门》可以描述为不锈钢豌豆;即使是埃菲尔铁塔,也遵循着清晰的垂直对称逻辑,并且可以窥见上古方

※ 图 1-28 《轨道塔》观景台局部

4. 项目社会反响

当然,如果换个角度来看,这种挑战人类承受极限的标新立异其实达到了吸引注意力的宣传要求。

阿塞洛米塔尔钢铁集团全方位地展示了自己在钢材制造与应用领域方面的领先地位,借《轨道塔》的建设大打隐性广告。对伦敦市民来说,尽管对《轨道塔》的造型接受度不高,但由于建设费用的大多数——1600 万英镑(1 英镑＝8.7834 人民币元)出自阿塞洛米塔尔钢铁集团而非公帑,因此抨击尚停留在学术层面。对于世界公众来说,可能真要等到 50 年以后,才能做出客观的评价。

5. 学习要点

由于伦敦奥运会的口号就是"文化奥运",而伦敦奥运战略报告早就提出:"我们希望奥运为我们带来的不仅仅是一座座崭新的奥运赛场,更是一种新的具有创造性和可持续性的生活方式。"因此,《轨道塔》和其他伦敦奥林匹克公园公共艺术都体现出鲜明且不可替代的文化属性。

1.3 公园与公共艺术结合的创新——美国格林斯博罗市 lebauer 城市公园

21 世纪 20 年代,世界范围内公园公共艺术在形式、尺寸、技术上又有了一系列新的突破创新,其中位于美国北卡罗来纳州的 lebauer 城市公园与公共艺术《我们相遇的地方》的结合无疑体现出城市公共艺术创新的巨大成就,是最具有代表性的案例之一,值得重点介绍。

1. 项目选址

2014 年 4 月 22 日,由著名美国女艺术家珍妮特·艾彻曼完成的新作在美国北卡罗来纳州的格林斯博罗市中心区域的 lebauer 城市公园落成,作品名称为《我们相遇的地方》。

《我们相遇的地方》首先与格林斯博罗市 lebauer 城市公园的建设密不可分。格林斯博罗市两位居民 Carolyn 和 Maurice LeBauer 在去世前将自己拥有的地产赠予市绿色社区基金会,并希望该基金会能够利用此地建造一个开放的城市公园,提升居民生活品质。这一地块位于格林斯博罗市市中心,面积约为 3.3 英亩(1 英亩≈6.07 亩),空间有限且与周边街道社区联系很紧密。2013 年,项目正式启动。在负责人詹姆斯·博内特(James Burnett)的规划中,该公园总投资 1000 万美元(1 美元≈6.71 人民币元),与城市文化区相连,包括大型儿童游乐场、音乐和演出表演区、狗花园、互动的水广场以及户外阅览室等。(图 1-29 至图 1-31)

※ 图 1-29 鸟瞰颇为玲珑的 lebauer 城市公园

※ 图 1-30 lebauer 城市公园建设效果图 1

※ 图 1-31 lebauer 城市公园建设效果图 2

2. 项目背景与作者

对当代公园建设来说,要想声名鹊起,仅有水广场、户外阅读室这些元素是不够的,由著名艺术家创作的大型公共艺术能够显著提升公园的品质和城市的知名度。因此,爱德华基金会捐出了 100 万美元,委托市绿色社区基金会公共艺术项目,邀请艺术家并对项目进行管理。它们最终选择的艺术家是刚刚在美国国内以网状悬浮艺术崭露头角的女艺术家珍妮特·艾彻曼。

爱德华基金会邀请珍妮特·艾彻曼,一个原因是因为珍妮特·艾彻曼近年来知名度不断攀升,她创作的作品能够吸引大量客流;另一个原因显然也是珍妮特·艾彻曼在菲尼克斯等地的实践

证明了纤维网状公共艺术能够悬空布置,适应 lebauer 这样面积狭小的城市中心公园。(图 1-32 至图 1-34)

※ 图 1-32 公园入口处是二维剪影的 lebauer 字样

※ 图 1-33 作品为公园增添了能动的欢快氛围

3. 作品形式与主题

这一次委托方根据格林斯博罗市独特的历史文脉提出了主题上的要求。格林斯博罗市是北卡罗来纳州重要的交通枢纽,由于交通四通八达,有效降低了物流成本,这里还建设成为美国纺织中心。今天虽然工业繁华已经不再,但依然是一座宁静美丽的小城。这些历史上的骄傲特质使委托方希望接受委托的艺术家能够将北卡罗来纳州的纺织传统和格林斯博罗市的历史加以视觉化。

珍妮特·艾彻曼很快找到自身艺术形式和当地文脉的结合点,如她所言:我发现格林斯博罗市由于六条铁路线路在此交叉被戏称为"世界纺织之都"和"门户城市",所以我开始跟踪铁路线,并标记路线上具有历史意义的纺织厂。这些铁路线汇集

※ 图 1-34 《我们相遇的地方》在白天并不起眼

了来自不同文化和种族的人,所以我将色彩丰富的纤维加以编织并在中心汇聚,起名为《我们相遇的地方》。

在多年的艺术创作实践中,珍妮特·艾彻曼已经形成了独具一格的形式语言与创作手法,大量纤维在空中缠绕成优美的图形,并具有突出的夜间照明效果。这种方式普遍具有节省空间,受众面广、形式新颖的特点,但也不免让人难以分辨。如果我们仔细观察就会发现珍妮特·艾彻曼近年来创作的数十件作品在缠绕形式上有巨大的区别,再结合不同的主色调与特定环境,个体特征还是很鲜明的。事实上,《我们相遇的地方》由总长 35 英里(1英里≈1.61公里)的纤维缠绕而成,共产生242 800 个纽结,覆盖了 200 英尺(1 英尺≈0.3048米)×300 英尺的面积。作品由 4 根 60 英尺高的桅杆支撑,每根桅杆分担大约 6 吨的重量。如此大型的公共艺术作品必然会产生极高的风载荷,因此所选用的基本纤维比普通麻绳结实 15 倍,强度甚至超过同等质量的钢缆。这种纤维材料还具有独特

的光谱功能及具有卓越的染色牢固度,能抗紫外线长时间的辐射,不仅延长自身寿命,还起到遮阳的功能,这是以往技术条件下公园遮阳设施所做不到的。(图 1-35 至图 1-37)

※ 图 1-35 《我们相遇的地方》随着光线变换形态

※ 图 1-36 《我们相遇的地方》夜间效果十分震撼

※ 图 1-37 《我们相遇的地方》在风中会变换形态

4. 项目社会反响

珍妮特·艾彻曼在之前的一系列作品中已经形成了鲜明的个人特征。毕竟,利用抽象形式表达具体主题一直以来是艺术领域的难题,特别是一些带有作者鲜明个人特征的形式,马钦斯基夫妇在《柏林结》中运用构成手法表达东西德统一主题成为不多的成功范例之一。在这方面,《我们相遇的地方》取得了一定的突破,这与艺术家根据所在地文脉调整自身形式的成功举措分不开。经过复杂的施工,《我们相遇的地方》于2016年春正式开放,并获得一致好评。在白天,作品在风中轻轻摆动,营造出奇幻的视觉观感。在夜间,作品又散发出绚烂多变宛如极光的色彩,令人震撼。

5. 学习要点

无论是从规模上来看,还是从施工时间上来看,以及从公园建设节省空间上来看,《我们相遇的地方》这件作品都反映了当前公园公共艺术建设的最高、最新水平,表现出的诸多先进之处值得我们深入学习。

1.4 公园与公共艺术结合的本土实践——上海静安雕塑公园

1. 项目选址

静安雕塑公园是上海市中心一个开放式的城市公园,也是目前上海唯一的雕塑公园。基地位于上海市中心城区静安区东部,东至成都北路,依托交通主干道南北高架与上海各区域形成紧密联系;南至北京西路;西至石门二路;北至山海关路,与苏州河相邻。总占地面积约为6.5万平方米,是上海市民游憩、休闲和接受艺术熏陶的重要活动场所。

2. 项目背景与作者

在静安雕塑公园国际化的过程中,作为世界博览会的一部分,进行可持续发展公共艺术建设是一次重要的契机。在国际上以非传统和争议性著称的比利时70后艺术家阿纳·奎兹(Arne Quinze)发挥了重要作用。阿纳·奎兹注重观念探索和跨界艺术语言表达,被誉为先锋派交界艺术家。其最为大众所了解的标志性风格就是用木材搭建的装置雕塑,这些作品既有建筑的厚重,又有雕塑的灵动。经过一段时间的考察,结合自己对中国的了解,他在这里完成了中国当代公园公共艺术的代表作《火焰》。(图1-38和图1-39)

※ 图 1-38　阿纳·奎兹在其他城市的类似作品

※ 图 1-39　静安雕塑公园的《火焰》

3. 作品形式与主题

《火焰》看上去与许多公园里具有遮阳功能的长廊类似,但与规整可谓无缘,更像是大量纷乱的红色木条随意搭接而成的。但细看之下,这些木条内部似乎又有着严谨的逻辑,保持着极高的坚固度。首先,从形式上来说,以单一元素进行组合,但产生这种"崩溃边缘的平衡效果"(奥登伯格语),是当代公共艺术实践中广泛采用的形式语言,能够适应多种环境。作者自己的解释是:中国人口众多,但能从一个贫困国家发展到今天的繁荣,团结必不可少。这正像作品中大量木条构成坚固的结构一样。作品鲜艳的红色与公园中大量的绿地形成鲜明的对比,唤起人们的激情,同时也呼应着红色在中国传统文化中的重要地位。以木材为基本材料除了呼应形式和功能外,还对应着上海世博会"城市,让生活更美好"的主题,注重环保、可回收、

可持续发展,虽然作品在几个月后拆除了,但能引起人们持久的关注。

4. 项目社会反响

总体来看,作者根据公园休闲氛围和绿地偏多的具体环境,结合世界博览会环保主题和中国传统文化背景,完成了这件典型的公园公共艺术作品。虽然这件作品"别具一格"的形式可能会有很多人不接受,但阿纳·奎兹的作品是以引发争议而著称的。这些作品拆除或搬迁后又总会引起当地人的怀念。(图 1-40)

※ 图 1-40　《火焰》另一视角

5. 学习要点

近年来,越来越多的欧美一线艺术家开始来到中国进行与欧美同步的创作与实验,这证明了中国经济快速发展和文化氛围开放的力量。作者在《火焰》中展现出的临时性特点,以及对休闲需求的尊重是值得我们重视和学习的。

1.5　延展阅读、开放性探讨和创意训练

延展阅读:珍妮特·艾彻曼的系列作品

前面在《我们相遇的地方》这一案例中介绍了珍妮特·艾彻曼的独特艺术语言,其实珍妮特·艾彻曼选择这种方式创作也是无心插柳。1966 年出

生的珍妮特·艾彻曼自幼热爱艺术,但无奈 7 次报考艺术院校均遭拒绝,后赴亚洲自学艺术。据说她是一次在印度海滩上,从渔网中求得的灵感。渔网编结的方式甚至能够抵抗飓风侵袭,再加之她寻求

的新型纤维材料,因此声名鹊起。

珍妮特·艾彻曼的作品乍看之下都很相近,但如果结合环境仔细分辨,不难发现个体之间的差异很大。就以《我们相遇的地方》和位于凤凰城的《她的秘密在于耐心》为例,前者缠绕方式更分散,形态上近似云朵,而后者包含数层钢圈,形态更接近规整圆形。同时两者的主色调及发光方式也各具特征,但不同作品在节省占地、视觉效果突出等方面的共性都是一致的,体现出这种艺术形式极强的生命力。(图1-41)

✳ 图1-41 《她的秘密在于耐心》

开放性探讨:

话题1:对英国伦敦奥林匹克公园中特立独行的《轨道塔》,你如何看?

话题2:你觉得珍妮特·艾彻曼的网状公共艺术是否适应中国城市公园的环境?

话题3:你理想中的公园公共艺术应该具有什么功能与文化特征?

创意训练:

要求:借鉴世界范围内公园公共艺术设计经典案例,活用创意思维,紧密结合公园环境特征,完成一件公共艺术概念设计,要求环境契合度高、主题意义突出、形式感优美、功能便利性强、图纸表达完整。

案例 针对公园环境的生态公共艺术设计——《树之声》

设计者:王国政 指导教师:王鹤

设计周期:3周

介绍:作品利用铝合金材料,制成藤蔓形式,结合公园现有树木,模仿竖琴造型,为公园增添音乐气息,提升环境品质,为游人提供更多的休息游乐场所与设施,充分达到设计的初衷。

环境契合度:8分。该方案选择对公园、绿地等人流密集,且植被丰富的环境进行设计,主要有这样几点考虑:首先作品是可以为这些环境中的游人提供休息、游乐的设施;其次这些环境中有相应的乔木可以用作作品的结构支撑,从而省去专门的基础费用,又和环境更好地融合在一起。保加利亚瓦尔纳海上公园入口处的《镜像文化》就是这样悬吊在入口大门立柱上,该作品取得了很大的成功。

主题意义:7分。作者希望表达竖琴这样的音乐主题,横梁、结合合金制作的类似藤蔓的结构,可以综合表现竖琴的形象。合金管中空的结构,敲击可以发出各种声响,从而与游人互动,提升环境人文艺术品质。作者还进一步设想向管内注入水或沙子,从而发出不同的声响。这是一个很有创意的思路,从听觉而不仅是视觉的角度与公众互动也是世界流行的趋势之一。比如日本东京法列立川项目中的《耳朵椅子》就是一例。不过这样做的可控性不理想,单纯地敲击,而没有相应的机制引导,从音乐的角度来说是比较单调的,互动程度不高,这也是后期改进的重点之一。

形式美感:7分。由于特定环境和主题制约,作品形式美感不算出色,但在一年级同学的训练中已经可以认为达到要求,今后有充足的时间再不断提高。

功能便利性:6分。总体来看,方案针对公园的特定环境入手,无论是服务游人还是节省成本等,都基本达到了设计的初衷。不过完全借助树木做支撑，可控性也稍弱，安全性也不一定理想，很难完全适应各地建设技术规范或管理规定，一般还是用作短期（两到三个月）的临时性公共艺术会更理想。

图纸表达：7分。方案充分发挥手绘表达方式自由、个性的特点，与作品主题意义结合较紧密，底色等也考虑到生态意义，有设计感，细节标注也比较清楚。不足之处在于大量设计说明都是竖排版，虽然新颖但与一般人阅读习惯不符。如何更好地表达，应作为进一步改进的重点。（见图 1-42）

❋ 图 1-42 《树之声》

第2章

广场公共艺术精品案例赏析

GUANGCHANG GONGGONG YISHU JINGPIN ANLI SHANGXI

广场是一种城市中普遍存在的环境形态，担负着集会、休闲等多种功能。广场由建筑、铺装、水体等多种要素构成，其中在传承城市文脉、凝聚社会共识方面最重要的元素当属广场雕塑，以及今天以公共艺术形式出现的广场雕塑的后裔。无论是底特律哈特广场上的《水火环》，还是芝加哥千禧广场上的《云门》与《皇冠喷泉》，这些形式新颖的作品与传统的英雄骑马像似乎并无多少相近之处，但它们都有一个清晰的源头，即上溯到古罗马时期罗马城的罗马广场以及图拉真广场等，下面所讲的坎皮多利奥广场就是体现这一传统的经典案例。

2.1 广场与广场雕塑结合的经典——罗马坎皮多利奥广场

早在古罗马时期，广场就成为建筑围合后进行贸易、政治集会的重要场所。其中最古老的罗马广场甚至从罗马编年史中建城的公元前 753 年就已存在。《罗马建筑》的作者约翰·B.沃德-珀金斯对罗马广场下了很精确的定义："罗马广场最初形成时是一种多功能的开敞空间，交替地被当作社区中顶礼膜拜的设施、政治或军事集会场所、露天广场或者市场，还可以当作公共娱乐场所。"公元前 44 年，建立独裁体制的恺撒修建了恺撒广场。新建的恺撒广场分流了原来完全由古老的罗马广场承担的政治和商业活动，用罗马编年史作家狄·卡修斯的话来说，恺撒广场比使用了很久的那个（指罗马广场）"美丽得多"。恺撒广场的中央耸立着维纳斯神庙，其他几面则是一圈店铺，它的后辈将比它更加雄伟，更加壮观。在帝国时期，寸土寸金的罗马城内兴建广场成为皇帝获取政治支持的重要手段，这才有了著名的奥古斯都广场、图拉真广场等。奥古斯都广场为纪念菲利皮大捷修建，体现出和恺撒广场迥异的风格，这座广场奉祀战神，以举行的丰盛宴会闻名。其后几任皇帝也仿效恺撒和奥古斯都，纷纷修建了自己的广场，其中弗拉维王朝的韦斯巴芗广场更偏向于宁静和富于文化性，安东尼王朝留下了狭小的涅儿瓦广场和宏大的图拉真广场，体现着罗马鼎盛时期的磅礴气势。从考古遗迹和历史文献来看，这些广场都布置了皇帝雕像作为宣传手段和视觉焦点。

在"五贤帝"图拉真时期，罗马帝国疆域达到顶峰，他下令修建了罗马历史上空前绝后的大广场——图拉真广场。尽管今天图拉真纪功柱是唯一留存下来的罗马时期的建筑，但考古证据却表明，罗马时期的图拉真广场恢宏雄伟，长 140 米左右，宽近 85 米，入口处有高大的拱门，广场中央应该是图拉真皇帝的骑马像。广场上最醒目，甚至在当时罗马帝国内都被视为罗马建筑象征的是奥皮亚廊柱大厅。这是一座有五个大殿的雄伟建筑，今天通过考古工作将大部分残留的廊柱发掘出来，尽管被公元 801 年的大地震及漫长的岁月侵蚀得残破不堪，但气势依旧不凡。廊柱大厅两侧是跨广场遥遥相对的东西翼图书馆，分别存放着由罗马帝国两大官方语言——拉丁语和希腊语写成的数万册书稿。据记载，即使在数百年后，这座广场的气势依然深深震撼了东罗马帝国皇帝君士坦丁乌斯二世。

公元 1538 年，罗马教皇保罗三世决定重修坎皮多利奥广场，米开朗琪罗授命设计方案，在教皇建议下他不但移来许多古典时期雕塑精品加以装饰，还于公元 1538 年将古典世界最重要的，也几乎是唯一的《马可·奥勒里乌斯骑马像》从拉特兰宫转移而来。同时代的瓦萨里记录了此事："广场中央，在一个椭圆形的基座上放着著名的青铜马像，马上是马可·奥勒里乌斯，那是奉教皇保罗之命从拉特兰宫搬移过来的……"米开朗琪罗将《马可·奥勒里乌斯骑马像》迁至坎皮多利奥广场后，为了使骑马像的高度等于两侧建筑——新楼和保管大楼一层的檐部，将雕塑的基座设置在 2.4 米。考古证据显示，当年存在的《图拉真骑马像》位于图拉真广场的纵轴线上，而米开朗琪罗搬迁来的《马可·奥勒里乌斯骑马像》同样位于梯形广场的纵轴线上。《图拉真骑马像》背朝着广场入口处,而《马可·奥勒里乌斯骑马像》则面朝广场入口处的阶梯,这种区别主要是因为图拉真广场是规则的长方形,视觉力在两端的集聚没有明显的分别,而坎皮多利奥广场则是梯形的,骑马像也必须朝向视觉力集聚的方向——入口处。我们从坎皮多利奥广场的平面图中可以很清楚地看出这一关系。(见图2-1至图2-3)

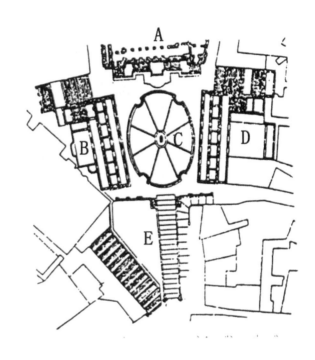

❋ 图2-2 坎皮多利奥广场平面图

❋ 图2-1 《马可·奥勒里乌斯骑马像》

为了在这样一个形态不规则的广场上使观众将视觉焦点集中于骑马像本身,米开朗琪罗还开创了一种新颖的铺装设计方式,深浅两色的线条呈放射性集中于雕塑所在的广场中心点,完全实现了设计的初衷。这一设计非常经典,也被后世设计师广泛借鉴,如矶崎新在日本筑波科学城中心广场设计中就采取反其道而行之的手法"向大师致敬"。区别在于原本雕像所在的位置由实体换为虚空的水泉,前者是深色铺地白色条纹,科学城中心广场则相反等。(见图2-4至图2-6)

❋ 图2-3 《马可·奥勒里乌斯骑马像》与周边建筑高度的关系

❋ 图2-4 远眺坎皮多利奥广场（此时雕像被搬
入室内修复）

❋ 图2-5 广场地上铺装花纹将游客视线聚焦于
中央雕像

❋ 图2-6 通过台阶营造视线变化

综合来看，从古罗马延续下的广场与雕塑的传统，是围绕雕像组织空间序列和铺装样式。在整个欧洲文艺复兴时期直到20世纪后半叶，这一组织形式为各大广场设计所采纳。国内的大型广场设计也普遍借鉴了这一形式。

2.2 广场与公共艺术结合的典范——芝加哥戴利广场等

20世纪60—70年代美国公共艺术建设进入由"百分比计划"资助的新阶段，结合联邦政府和部分州政府的市政建设，美国广场公共艺术产生了一个早期的高潮。这一高潮的特点是：作者普遍为享誉世界的艺术大师，在探索艺术作品与环境和空间关系上勇于探索，也更容易为人们所接受。这些作品普遍建设在尺寸较大、地位较重要、硬铺装面积占主流的广场上，普遍采用了公众可以穿行的造型以不阻挡交通流线，芝加哥就是开风气之先者。

民提供阴凉。可以说该作品与广场无缝结合，为友好介入市民社交生活开创了一个良好的先例。（见图 2-7 和图 2-8）

芝加哥戴利广场《毕加索》

>>>>> **1. 项目选址**

20 世纪 50 年代与 60 年代之交的芝加哥希望要求一位世界级艺术大师为空旷的市政广场创作艺术品，以此来提升芝加哥的形象，繁荣经济。毕加索接受邀请，并创作了 1.05 米高的模型免费赠送给该市并放大制作。

>>>>> **2. 项目背景与作者**

《毕加索》在建设过程中引起的争议及三个基金会提供资金的运作模式，拉开了美国百分比艺术模式正规化的序幕，在公共艺术史上具有开创性意义。因此可算是美国现代公共艺术的创始（如果按照接受国家艺术基金资助来衡量，当属考尔德位于大急流城的《冒险》）。但更引人注意的，这其实是现代公共艺术打破传统广场雕塑在尺寸、选址上的桎梏，探索新的艺术品与广场结合关系的尝试。由于毕加索没有亲临芝加哥，是由建筑师和规划师根据广场面积和周边建筑环境比例确定作品最佳尺寸。由于传统雕塑铸造厂无法承接这样的工程，作品是在印第安纳州葛里市美国钢铁公司桥梁部制作后，拆解运抵芝加哥安装并于 1967 年竣工。公共艺术，特别是与环境关系更密切的大型公共艺术建设从一开始就体现出了鲜明的跨学科与跨部门协作的特征。

>>>>> **3. 作品形式与主题**

这件被冠以《毕加索》之名的作品，其形态主要由切割钢板拼接而成，面体之间的空间关系完全符合对称、均衡、对比、变化等形式美原则。这件没有确切名字的巨大作品曾纷纷引起观众的猜测，认为大师表现了狒狒或海马者不在少数。事实上这件作品和毕加索将不同形象打散重构的手法一脉相承，是阿富汗猎犬与女人脸的混合体。虽然一开始争议颇大，久而久之却被越来越多的人接受，并渐渐成为芝加哥的象征之一。

作品高达 26 米，作品的基座控制在 40～45 厘米，符合人体工程学对最理想座高的要求，正好供广场上数量众多的市民和游客休息。不知是有心还是无意，作品下部出现了一个足够儿童当作滑滑梯的斜坡，正面的钢板还可为在上面躺卧休息的市

※ 图 2-7　根据广场尺寸和周边建筑确定了《毕加索》的高度

※ 图 2-8　《毕加索》小稿

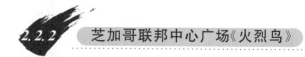

>>>>> 4. 项目社会反响

当然,需要注意的是,这件名为《毕加索》的作品还是从一件完整的架上雕塑放大得来,虽然不再像传统上的公共艺术品那样占据广场中心的位置,但依然占据着较大的空间,使之不能再用于交通。总体来说,这一时期公共艺术、广场和交通流线三者的关系还未得到广泛的重视,这一状况直到考尔德设计的作品才得以改变。(见图2-9和图2-10)

✳ 图2-9 《毕加索》与周边环境

✳ 图2-10 《毕加索》落成时广场人头攒动的场面

>>>>> 5. 学习要点

《毕加索》落成于广场与公共艺术结合的早期,

很多原则与规律都未成形。在这一案例中,体现出建筑师与规划师合力为作品确定合理尺寸的重要作用,并体现出桥梁制造厂等发达的重工业基础在公共艺术发展中的角色。

2.2.2 芝加哥联邦中心广场《火烈鸟》

>>>>> 1. 项目选址

1974年落成于芝加哥的《火烈鸟》(亦译为《红鹤》)是考尔德"固定雕塑"中最具代表性的一件作品,作品位于芝加哥联邦中心广场上,其造型明显体现出考尔德早年在欧洲受到的超现实主义影响,隐约显出高度抽象化的鸟类特征。

>>>>> 2. 项目背景与作者

作为活动雕塑的创始者,考尔德以自己的另一个著名系列——"固定雕塑",成为第二次世界大战后美国这片土地上最先顺应这一形势的人,因此也成为美国"百分比计划"最早的受益者。

考尔德的固定雕塑无论形态如何变化,普遍具有一个鲜明的特点,即与周边环境的交通流线交织在一起,甚至位于人们的必经之路上,从而将艺术品与人的距离拉近到一个前所未有的程度。在这一点上,他与另一位大师野口勇可以说是不谋而合。

>>>>> 3. 作品形式与主题

就形式而言,考尔德在《火烈鸟》中沿用了他在活动雕塑中发展起来的有机形态,利用二维的钢板在三维空间中营造空间,塑造形态,大量支撑面的增加既稳固了结构,又丰富了视觉观感和光影变化。(见图2-11至图2-13)

另外,作品通体呈现鲜艳的红色,在沉闷的摩天大楼背景中格外醒目。在这座光照严重不足的广场上,人们穿行其间,无疑能够感受到视觉上的振奋和昂扬的气息。当然最主要的还是作品没有固定的基座,而是由表现火烈鸟的几个支撑点立于地面,没有妨碍广场繁忙的交通流线,反而为来来往往的人们增添了一个新奇的视角,丰富了他们与作品的互动。

总体来看,考尔德的作品在与公众互动,介入交通流线时取得了较大的成功,但当时他并没有考虑太多的学术意义,这种形态与其本人超现实主义

❋ 图 2-11 《火烈鸟》鲜艳的色彩为广场带来活力

❋ 图 2-12 《火烈鸟》比较早注意到跨越交通流线的问题

的灵感来源、对公众的充分尊重及对人运动规律的深刻洞察分不开。

>>>>>> **4. 项目社会反响**

正是由于考尔德这一系列创举,《火烈鸟》落成之日起就受到芝加哥市民的高度评价,当作品揭幕的那天,数万市民自发上街欢庆,宛如节日。这既是作品的艺术魅力所在,又体现出成功的公共艺术

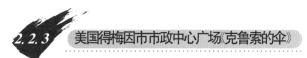

❋ 图 2-13 《火烈鸟》落成时成为芝加哥市民的节日

政策的力量。

>>>>>> **5. 学习要点**

根据环境光照确定作品色彩。根据环境功能确定作品形态,不影响人流穿行。这两点都是对艺术家传统经验的挑战,需要极大的创新勇气与不断试错来解决。正是经过一系列不成熟的作品,考尔德才在晚年的《火烈鸟》中实现了巨大的成功。

2.2.3 美国得梅因市市政中心广场《克鲁索的伞》

>>>>>> **1. 项目选址**

相对于前述芝加哥和底特律,美国艾奥瓦州府得梅因市是一个小城市,但在艾奥瓦州却有着重要的地位。该市人口虽然不多,但保险业十分发达。该市还是我国石家庄市的友好城市。

>>>>>> **2. 项目背景与作者**

1979 年,由现成品艺术大师奥登伯格为得梅因市市政中心广场创作的作品《克鲁索的伞》将广场公共艺术不阻挡交通流线的特点发挥到了一个新的高度。得梅因市市政中心在规划和广场设计时并没有考虑艺术作品,作品后来的放置地点初始设计是树木,为后续公共艺术设计的展开制造了极大的障碍。奥登伯格发现委托创作作品的市政中心地形酷似海中的岛屿,并与鲁滨孙的故事结合,挑选广场合适的地点设置作品。因此,就选址而言,《克鲁索的伞》是一个经典的公共艺术策划案例,充分体现了公共艺术家后期介入城市环境的特征。

>>>>> 3. 作品形式与主题

这件作品的选题过程也颇有趣味,奥登伯格的夫人布鲁根本就希望奥登伯格在大型公共艺术作品中尝试更为有机的形态。奥登伯格受到《鲁滨孙漂流记》的启发,以鲁滨孙的第一件手工制品——伞为主要元素进行创作。由于鲁滨孙的伞只可能是枝条制成,因此奥登伯格的伞也必须结构化。他按照基地形态和形式美规律将伞倾斜布置以追求动感、均衡和指向性间的平衡,并完全按照伞的"结构骨架"而非轮廓来组织形式语言,取得了简洁、震撼并富于神秘色彩的艺术效果。长、宽、高均超过10米的大型作品坐落在面积有限的广场边缘,全仰仗框架式处理方式的优点。(见图2-14)

❋ 图2-14 《克鲁索的伞》形态高度通透

在艺术创作与设计中,结构骨架在确定视觉物体形状方面的作用有时甚至超过轮廓线,法国浪漫主义画家德拉克洛瓦就指出:"在动笔之前,画家必须清醒地认识到眼前物体之主要线条的对比。"鲁道夫·阿恩海姆就此指出:"在很多时候,主线条并不是物体的实际轮廓线,而是构成视觉物体之'结构骨架'的线条。"因此,结构骨架可以用来确定任何式样的特征,这就使得对形状的高度简化成为艺术创作与设计手法之一,只要作品简化后的结构骨架符合观众的概念,就可以被轻松辨识出来以达到创作目的。(见图2-15和图2-16)

>>>>> 4. 项目社会反响

在筹款方式上《克鲁索的伞》只有40%的经费来自国家艺术基金会的资助,其余来自当地捐款,

也充分体现了欧美国家公共艺术经费来源多样且有充分保障的特点。作品落成后,广受当地社区居民的喜爱,也成为游人到访的重要景点,在提升地区艺术氛围,活跃旅游方面发挥着重要的作用。

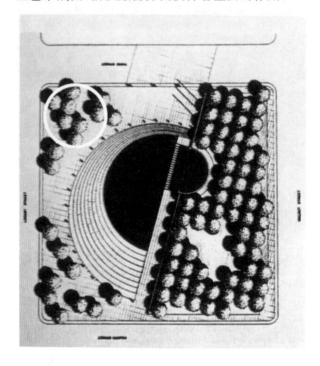

❋ 图2-15 得梅因市市政中心广场平面图,白圈处为公共艺术作品位置

❋ 图2-16 《克鲁索的伞》另一视角

>>>>> 5. 学习要点

利用结构骨架对伞的结构进行变形,不但符合形式变形的规律,而且还具有降低风阻,提升通透性的优点。同时还可以减少视线阻挡,降低安全隐患和卫生死角,对广场的科学合理运营意义重大。

2.3 广场与公共艺术结合的争议——纽约曼哈顿联邦大厦广场

当美国公共艺术大型化和介入公众空间的风气愈演愈烈之际,出现了一件具有转折意义的大事件,直接改变了之后几十年公共艺术与广场结合的形式,这就是《倾斜之弧》事件。

1. 项目选址

如前所述,由联邦总务管理局和美国国家艺术基金会合作的建筑"百分比计划",在促进美国联邦建筑的公共艺术创作上发挥了重要的作用。20世纪70年代末,纽约曼哈顿联邦大厦广场公共艺术的招标就是一例。

2. 项目背景与作者

1981年,理查德·塞拉(Richard Serra)在"建筑艺术计划"资助下创作的《倾斜之弧》在纽约曼哈顿联邦大厦广场落成。作品继承了极少主义者一贯的风格,一片高约4米,长约40米的巨大钢板呈弧线嵌入广场地面,如一面隔离墙一样将广场分割开来。理查德·塞拉的意图是用作品遮住两方面的视线,并横跨全部空间,而这一空间将被领会为雕塑的功能。这也贯彻了极少主义者始终如一的观念,即观众的感受和能动参与成为艺术作品不可剥离的一部分。但是这种在美术馆内行之有效的方式在公众场所中却引发巨大的不便。1300余名大厦员工联名抗议这件作品阻碍他们的视线和行动,又经过1985年的听证会和其后的法律程序,最终于1989年拆除。这一事件涉及法律、观念、权利等多重因素,引发的争议至今尚未消除。(见图2-17)

对《倾斜之弧》的境遇,部分艺术评论人士认为这是艺术的纯粹与公众的品位之间鸿沟加深的象征,也是公共艺术从高雅走向媚俗路线的分水岭。但更多的观点认为,《倾斜之弧》是极少主义者以精英自诩,生硬介入公共环境的典型案例。极少主义在世界艺术舞台的渐渐淡出证明了大多数人的选择。(见图2-18)

❋ 图 2-17 《倾斜之弧》与广场全景

❋ 图 2-18 从这个角度看,《倾斜之弧》挡住了广场主要的视线和交通流线

>>>>> 3. 项目社会反响

《倾斜之弧》这一事件引发了许多后果。从一方面来说，虽然《倾斜之弧》不像当年同样被拒绝的《巴尔扎克》那样得到最终认可，但仅就其作为一件艺术品是否应该遭到落成 8 年即被拆除的对待，问题则不那么简单。因为在公众习以为常的公共空间中突然出现现代艺术品，遭到公众质疑甚至激烈反对都是可能的。因此，《倾斜之弧》事件后，美国国家艺术基金会拟定了"公众艺术品复审细则"，规定作品必须落成 10 年后才能考虑拆除或迁移，确立了今后处理此类争议的有效机制。

>>>>> 4. 学习要点

需要看到，《倾斜之弧》事件也产生了很多积极的影响。现代社会人文观念及都市环境的改变，呼唤着更贴近民众生活的公共空间艺术。经过一系列带有偶然性的尝试和大胆试错，欧美当代公共艺术开始系统地追求跨越交通流线，在不妨碍人们正常出行活动的同时，使公众能更亲密地接触公共艺术，并诞生了下面将要介绍的一系列成功案例。

2.4　广场与公共艺术结合的创新——芝加哥千禧广场等

经过《倾斜之弧》的争议，进入 21 世纪的广场公共艺术步入了一个成熟期，普遍运用新科技、新材料，追求作品与周边建筑环境的协调，以美国芝加哥千禧广场《皇冠喷泉》和英国卡迪夫罗尔德·达尔广场《水塔》为代表。

2.4.1　芝加哥千禧广场《皇冠喷泉》

>>>>> 1. 项目选址

芝加哥是位于美国五大湖地区的重要城市，工商业发达，同时拥有 95 所高等院校，文化底蕴深厚。从 20 世纪 60 年代传统经济下滑时，芝加哥市政当局就致力于借助文化艺术建设促进城市向创意经济转型，前面介绍过的《毕加索》就是代表。考尔德的作品 1974 年落成于联邦广场的《火烈鸟》更是得到芝加哥市民的一致欢迎。因此当时光进入 21 世纪后，芝加哥没有理由在公共艺术的建设上落后于英国等后起之秀，千禧公园的兴建就是芝加哥市在这一领域的大手笔之作。（见图 2-19 和图 2-20）

芝加哥千禧公园坐落于芝加哥洛普区，占地24.5 英亩。该地区曾经被伊利诺伊中央铁路当作停车场使用。2004 年，由曾完成《金鱼》、毕尔巴鄂

✳ 图 2-19　芝加哥千禧广场平面图

✳ 图 2-20　芝加哥千禧广场鸟瞰

博物馆等后现代建筑的著名建筑设计师弗兰克·盖里(Frank Gehry)设计。

规划之初的千禧公园只希望建成一座"带点绿意的停车场",但是在时任芝加哥市长戴利和思想前卫的设计师们的努力之下,方案变成一座覆盖在地下停车场上的大型文化休闲公园。完成后的广场功能完善,绿化面积大,生态环境多样,完全能够满足市民常规的休闲娱乐和运动健身需求。但千禧公园绝不仅限于此,弗兰克·盖里设计完成了能容纳7000人的大型室外露天剧场,钢构件搭起宏伟的网架天穹,构建出宛如外星来客般的奇特视觉效果。一贯追求雕塑化建筑的弗兰克·盖里还设计了一条流线颇为戏剧化的蛇形 BP 桥,跨越公路,与建有儿童游乐场和更丰富园林路径的格兰特公园实现资源共享,弥补了自身的不足。

>>>>>>> **2. 项目背景与作者**

千禧广场更让世人瞩目的是其"后现代建筑博物馆"的美誉,弗兰克·盖里除了亲自设计,还为另两位世界级艺术家的大胆创想留出了充分的空间,其中一件是印度裔阿尼什·卡普尔的《云门》,另一件是西班牙艺术家乔玛·帕兰萨的《皇冠喷泉》。这里侧重介绍《皇冠喷泉》。(见图 2-21)

❋ 图 2-21 《皇冠喷泉》夜间效果

>>>>>>> **3. 作品形式与主题**

《皇冠喷泉》位于千禧广场中心西南方的水池中。这组喷泉落成于 2004 年,略早于《云门》,虽然偏居一隅,将主要位置让给了《云门》,但在艺术感召力上绝不逊于前者。西班牙艺术家乔玛·帕兰萨将该作品设计为由两座玻璃砖塔和位于二者之间的黑色花岗岩反射池组成的整体,每座塔的高度

为 15.2 米,这是综合周边最佳视距后确定的最佳高度。水池是开放的,面积为 875.4 平方米,水深约 60 厘米,用 3 英尺×3 英尺的黑色花岗岩铺就,每逢夏季就成为儿童们钟爱的戏水游乐场,家长们则可以在旁边的原木长椅上休息交流。如果仅是这样,还体现不出乔玛·帕兰萨的匠心。他强调:"喷泉是自然的记忆,一种山间小溪美妙的声音被引入了城市之中,对于我来说,喷泉不仅仅是水的喷射,它更多地意味了生命的起源。"因此,乔玛·帕兰萨尝试将喷泉与芝加哥的公众生活紧密联系起来。他搜集了 1000 名芝加哥市民作为模特,发动芝加哥艺术学院的学生用高清摄像机拍摄他们每个人的真实面庞,通过两座玻璃塔表面的 LED 视频技术映射出来,每 5 分钟会更换一次图像。这样,一位位普通市民的笑脸会依次出现在大家戏水的池边,并慢慢过渡到一张撅起嘴唇喷出一道水柱后的图像慢慢消退。这一动作是通过图像采集时在模特面前放置一盏蜡烛让他们吹灭得到的,显得真实自然。夜间周边市民变少,图像则更换为不断变换的绚烂闪光,为城市夜景增添了一抹亮色。芝加哥纬度较高,又地处五大湖地区,冬天漫长且寒冷,喷泉自然不会再出水,但是屏幕依然会显示人像。与《云门》物理反射着芝加哥的繁华不同,《皇冠喷泉》用一种低调得多的方式映射着芝加哥的公众本身,实现了公共艺术反映公众生活的境界。(见图 2-22)

❋ 图 2-22 《皇冠喷泉》鸟瞰图

>>>>>>> **4. 项目社会反响**

在人性化之外,皇冠喷泉同样拥有极高的技术含量,水池底部网格状的缝隙将水导入再循环系统

吸入塔内，再通过喷泉口喷出，为了让人像的嘴唇正好与喷泉口齐平，人像都进行了一定程度的拉伸处理。如此多的屏幕会散发巨大的热量，因此塔内还容纳有散热系统以及空气过滤系统。这些技术的综合使用使得《皇冠喷泉》的造价高达 1700 万美元。不过这件作品在整体预算不断上涨，以致最后总造价高达 5 亿美元的千禧公园中也不算惊人了。（见图 2-23）

✳ 图 2-23 《皇冠喷泉》近景

>>>>>> **5. 学习要点**

数字化技术的采用使公共艺术与城市普通市民的形象紧密联系起来，令艺术的发展与社区的成熟变得息息相关，这是《皇冠喷泉》带来的最大启迪。

✳ 图 2-24 罗尔德·达尔广场与《水塔》

2.4.2 英国卡迪夫罗尔德·达尔广场《水塔》

>>>>>> **1. 项目选址**

卡迪夫是英国威尔士半岛的重要城市，以海港闻名，18 世纪中叶至 20 世纪中叶，卡迪夫湾始终雄踞世界最大煤炭出口港的地位。但是第二次世界大战结束后，随着英国国力的整体衰落和去工业化，卡迪夫湾跟不上技术变革逐渐衰落，大片海滩成了荒地。直到英国政府启动"城市复兴"的计划，卡迪夫是最早响应并取得显著成绩的城市，逐渐让港湾变为欧洲时尚港湾。此处重点介绍位于其市中心罗尔德·达尔广场上的公共艺术作品《水塔》。

>>>>>> **2. 项目背景与作者**

英国城市复兴计划注重以文化为先导，因此公共艺术的选址与周边环境的文化联系就成为重点。这一点在《水塔》案例中体现得格外明显。首先，作品所在的罗尔德·达尔广场就是以英国著名的挪威裔儿童文学作家罗尔德·达尔命名的，有着深厚的文化底蕴。这位作家有着传奇的经历，其代表作《查理和巧克力工厂》和《了不起的狐狸爸爸》都脍炙人口。1990 年其去世后，卡迪夫地标 Oval Basin plaza 被改名为罗尔德·达尔广场。该广场周边坐落着威尔士议会大楼、威尔士千禧中心和表演艺术中心，形似碗，这也是其旧称（椭圆形盆）的由来。（见图 2-24 至图 2-26）

※ 图 2-25　另一个视角看罗尔德·达尔广场与《水塔》
　　　　　的尺寸关系

※ 图 2-27　《水塔》与广场设计结合得很完美

※ 图 2-26　《水塔》与广场尺寸准确契合

⟫⟫⟫⟫⟫ 3. 作品形式与主题

　　在广场入口处,作为卡迪夫千禧年建设的一个
重要象征,艺术家威廉姆·派伊(William Pye)与
尼古拉斯姆·海耶事务所联合设计了一件兼具雕
塑和设施身份的大型公共艺术作品《水塔》。作品
从外观上来看是圆柱形,高70英尺,不锈钢材质,
现代气息与周边的千禧中心等现代派建筑、铺装十
分协调。作者还设计了水幕装置,薄薄一层水流源
源不断地贴在塔壁上流淌下来。光滑的不锈钢表
面反射的形象经过水流变得奇幻,又为硬质空间增
添了动感和水体,成为游人必到合影留念之处。
(见图 2-27 至图 2-29)

※ 图 2-28　《水塔》从这个角度看似乎是立方体

❋ 图 2-29 《水塔》从这个角度看造型富于变化

❯❯❯❯❯❯ 4. 项目社会反响

但如果仅此而已,还不能体现出英国公共艺术
的特点。事实上,在以文化为先导的城市复兴中,
英国注重多种艺术形式之间的配合,以共同助推文
化软实力的输出。其中,注重格调的英剧就是一个
代表。尽管《水塔》的作者进行了抽象化处理,但传
统英剧的爱好者依然会很容易辨认出这一形式是
英剧《神秘博士》中主人公手持的火炬形象。毕竟
按照剧情设定,神秘博士的工作室就位于卡迪夫市
中心,同时还是《火炬木小组》的基地所在处。(见
图 2-30 至图 2-32)

❯❯❯❯❯❯ 5. 学习要点

总体来看,《水塔》是一件非常具有典型性的广
场公共艺术,形式上现代,富于动感和技术含量,同
时又深深植根于广场深厚的历史人文背景,与其他
艺术形式联动,唤起游客观众共鸣,从而实现自身
艺术效果的最大化。

❋ 图 2-30 《水塔》近景

❋ 图 2-31 《水塔》与公众良好互动 1

❋ 图 2-32 《水塔》与公众良好互动 2

2.5 广场与公共艺术结合的本土实践——东莞虎门黄河
中心大厦前绿地广场《自然混沌》

>>>>> **1. 项目选址**

位于广东东莞的《自然混沌》，2014年10月28
日落成于东莞虎门黄河中心大厦前绿地广场，作品
全高30米，设计施工时间1年左右。（见图2-33
和图2-34）

❋ 图2-33 《自然混沌》与周边高楼的关系

>>>>> **2. 项目背景与作者**

上一章介绍过比利时艺术家阿纳·奎兹在上
海静安雕塑公园创作的长廊型公共艺术作品《火

❋ 图2-34 《自然混沌》全景

焰》。在广场类型中还有他在中国的新作，即位于
东莞的《自然混沌》。

>>>>> **3. 作品形式与主题**

《自然混沌》主体是两根巨大的弯曲黑色金属
架构，组合体类似于K形，主体结构顶端缠绕着大
量金属条和彩色玻璃材质。按照作者阿纳·奎兹
的解读："作品第一眼看起来是不同的元素很混乱
地扭曲在一起，但是如果看得更仔细些，这些线条
又是很细心地组合在一起，每一块所独有的位置是
其他的代替不了的，凝固了运动中的维度。他想通
过该作品干扰过路人每天一成不变的生活状态，并
对这件吸引眼球的作品做出反应，联想到大自然的
伟大力量，从而让他们完全被征服。"（见图2-35和
图2-36）

图 2-35　占地面积小是《自然混沌》的突出特点

※ 图 2-36　《自然混沌》仰视图

⟫⟫⟫⟫ 4. 项目社会反响

　　尽管如此,东莞市民普遍反映看不懂该作品,并普遍发出质疑。如果客观评述,作品所在地是一

个尺寸较小的建筑前广场,背靠大厦,前临车行路,周边人流密集。在这样一个狭小的空间中,《自然混沌》的基本形态是合理的。而且这种抽象构成的手法也与所在地的快节奏和商业化氛围比较协调。但相对来说,顶部大量金属条的缠接不符合渐变、对称、重复、均衡等普遍认同的形式美法则,而这是抽象作品获得观众认同的主要要素。再加之色彩相对单调,肌理缺少变化,所以观众体会不到太多的美感。但从作者大量使用欧洲圣高邦手工染色玻璃等考究材料上来看,还是诚意十足的。而且阿纳·奎兹在全球的作品普遍引起争议,作者也很享受这一点带来的关注度。

　　很多中国城市雕塑、公共建筑因为造型奇葩、造价高昂而遭遇公众猛烈的抨击,甚至最后被拆除,为什么没有在这个案例中出现呢?这需要探讨该作品的建设机制。《自然混沌》是目前国内不多的由私营企业全部投资 3000 万元的大型室外公共艺术,包括某艺术策划机构与广东黄河实业(集团)有限公司,它们力图打造集参观、收藏、展览展示、体验、文化交流、活动策划于一体的时尚艺术苑。这与中国其他城市的城市雕塑建设资金主要出自税金预算有根本不同,这也是公众虽然表示看不懂,但由于资金不来自于自身的税金所以意见比较平和。相比之下,扬中市投资政府预算 7000 万建设的"河豚塔",广西柳州投资 7000 万建设的柳宗元像等大型甚至超大型艺术作品都遭遇了抨击甚至拆除的命运。时任东莞市委常委、宣传部部长潘新潮在前往虎门调研时出席《自然混沌》的落成仪式,并对这一新颖的筹资建设方式给予了高度的肯定:"东莞新增了这一个国际级公共艺术品,且完全由私营企业投资,属于东莞文化名城建设的新亮点。"

⟫⟫⟫⟫ 5. 学习要点

　　关于《自然混沌》还出现了一个故事,在落成 2 年后,作品开始拆卸。部分市民以为是拆除,但主持方给出的解释是赴上海参与文化交流。但不幸的是在拆除过程中,由于钢缆断裂,作品部分倒塌并砸中公交车造成 1 名女子受伤。这反映出大型雕塑作品在人流密集的城市中可能引起的风险,因此在当前中国城市的特性下,对大型城市雕塑和公共艺术进行科学、积极的全寿命期管理必不可少。

2.6 延展阅读、开放性探讨和创意训练

>>>>>> **延展阅读:公共艺术的建造者——**
以《克鲁索的伞》为例

公共艺术,特别是大型公共艺术的建设不光是艺术家、建筑师的工作,还离不开生产厂家。我们以《克鲁索的伞》为例,介绍这些公共艺术繁荣的幕后力量。《克鲁索的伞》由利浦科特有限公司生产。这是一间成立于1966年的专业雕塑厂家,以专门对应美国兴起于20世纪70年代的大尺寸户外公共艺术订件热潮。在《毕加索》的案例中,作品还是由美国钢铁公司桥梁部完成的,这也是当时很多艺术家面对的问题。这类大型厂商习惯了对应大规模批量、线性的、规范化的生产活动,而公共艺术则具有单一一件(这意味着为其制作的专用模具是一次性的)、非线性(形态不规则)等特点,这注定两者的磨合不会一帆风顺。利浦科特有限公司致力于创造一种对艺术家友好的氛围,不但更具建设性,而且长期来看还致力于营造一种近似艺术沙龙的环境,极大地助力了美国大型公共艺术的繁荣。

>>>>>> **开放性探讨:**

话题1:今天的广场公共艺术,在形态变化的同时,还预示着怎样的文化、经济转型特点?

话题2:你对《倾斜之弧》最终被拆除的命运如何看? 如果回到当时,你会站在哪一方?

话题3:你如何评价中国广东东莞的《自然混沌》?它是否能与中国城市文脉相融合?

>>>>>> **创意训练:**

要求:借鉴世界范围内广场公共艺术设计经典案例,活用创意思维,紧密把握广场环境特点,完成一件公共艺术概念设计,要求环境契合度高、主题意义突出、形式感优美、功能便利性强、图纸表达完整。

案例 针对广场环境的生态公共艺术设计——《隐于市》

设计者:闫富晨 指导教师:王鹤

设计周期:7周

介绍:该同学将生动有趣的设计选址在办公楼旁的硬质铺装上,考虑到了周边工作人群的休憩功能,同时综合适应了各个人群的不同需求,做到了公共艺术作品和人们日常生活的充分互动,设计思路清晰明了。作品的主要形式是类似于纺织品般自然掀起的地面铺装,设计者通过这种自然流畅的曲线实现了较为突出的形式美感,并在抽象的形状下面引导人们发现那些生长在地面下柔软的植物,引发人们对现在生态环境的思考,充分实现训练的目的。

环境契合度:7分

选址时充分考虑了人与自然环境的契合,选取办公楼旁环境,既为忙碌的工作人群提供了休闲一角,又能同时引发城市人对生态环境的思考。流畅的曲线在生硬呆板的建筑群中添加了一定的趣味和变化,同时具有较强的引导和标识性。

主题意义:8分

主题立意新颖,契合当下的环境保护呼吁。在这一简单的形式流线中,蕴含着很深的思考意义,让人们充分意识到对环境的忽略,呼吁人们认识自然,并做出行动保护我们赖以生存的环境。

形式美感:8分

在硬铺装广场上使用带有科技感的折线是很普遍的形式。但作者反其道而行之,曲线自然流畅,又与生活有所结合,使人们有一种亲切感,愿意和作品带来的自然感进行更进一步的交流。同时作品中和了城市中建筑生硬的线条感,和植物的自然美达成了某种默契的配合。

功能便利性:6分

需要看到,设计中的流畅曲线是用地砖铺就

的,在施工过程中需要考虑支架和固定问题,有一定的难度,材料的选取并未充分交代清楚,而且人们休闲的座椅等也没有相应的规划。植物的生长也会受到一定的阻碍,这些问题交代得不是很完整,需要在今后进一步深入。

图纸表达:7分

图纸选取了不常见的黑色作为底色,设计方案为白色线条。这样的色彩搭配一般适合科技感较强的方案,用在这里与立意有一定的冲突。但是模型和表达比较清晰,比例也运用得当,图纸完整,排版整齐,基本实现信息传达的初衷。(见图 2-37 和图 2-38)

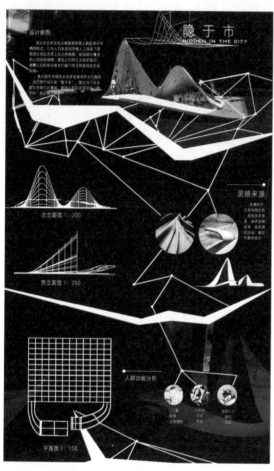

❋ 图 2-37 《隐于市》1

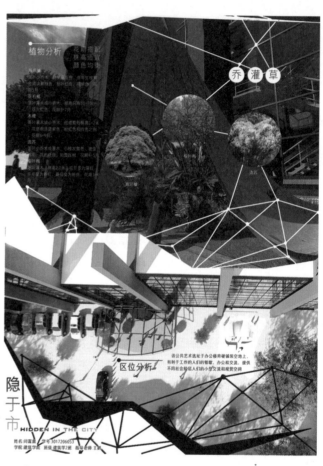

❋ 图 2-38 《隐于市》2

第3章

步行街公共艺术精品案例赏析
BUXINGJIE GONGGONG YISHU JINGPIN ANLI SHANGXI

公共艺术从诞生伊始,就与步行街结下不解之缘。当然,过于繁华的商业步行街,如美国纽约第五大道、莫斯科的阿尔巴特大街、新加坡乌节路等,由于人流密集,商贸活动繁华,历史人文内涵厚重,不一定是公共艺术建设重点。相反,一些兼具社区功能的步行街成为公共艺术组织者、策划者和实践者大胆探索的领域。这一章将会介绍德国柏林库坦雕塑大道、日本东京法列立川、中国成都"太古里"等几个有代表性的步行街公共艺术案例。

3.1 步行街与公共艺术结合的典范——柏林库坦雕塑大道

1. 项目选址

库坦大道(也有译为库达姆大街,德文意为选帝侯大街)位于德国柏林,最早由"铁血首相"俾斯麦推动拓建,以通向柏林城西的别墅区。19—20世纪之交,这条大道逐渐以商业繁华著称于欧洲。可以这样比喻,库坦大道之于柏林,就有如香榭丽舍大街之于巴黎,涅夫斯基大街之于圣彼得堡,具有重要的经济、文化意义。同时在德国统一之前还作为由西德进入柏林的必经之路,政治象征也很突出。即使在今天,库坦大道依然在购物、办公,以及居住空间等要素间保持着协调与平衡。(见图3-1)

✳ 图3-1　库坦大道远景

2. 项目背景与作者

1987年,柏林市政府开展了一次别出心裁的公共艺术尝试——库坦雕塑大道。柏林市政府认为在此地进行公共艺术建设能产生更大的社会效应。柏林市政府决定邀请8位艺术家分别创作作品,并在原地展出一年。由于创作形式新颖又少有先例可循。之前的几位艺术家在创作中过于强调个人观念的表达,因此轮到德国艺术家夫妇马丁·马钦斯基与布里吉特·丹宁霍夫开始创作时,舆论正在对这一项目产生巨大的争议。

马丁·马钦斯基和布里吉特·丹宁霍夫夫妇是抽象艺术家,他们擅长利用大量的不锈钢管,手工组合成更大直径的不锈钢管状体,扭转缠绕成富于形式美感的角度,形成金属坚硬质感与柔软多变形态间的对比,并营造出极为丰富的表面肌理。但是,面对高度敏感的背景和极为重要的场地,这两位传统上偏向于视觉探索的艺术家开始更深去发掘场所的历史人文积淀,寻求能打动观者心灵的最佳主题。最终,他们选择利用破碎扭曲的铁链形式象征东德和西德间的分裂历史,并取名为《柏林》。(见图3-2)

✳ 图3-2　《柏林》全景

3. 作品形式与主题

作品用四根仿佛从地上生长出来的钢管结成铁链,相互缠绕、扭结,但并不接触,以此寓意由于冷战被柏林墙隔开的东西柏林之间疏离的现状。马丁·马钦斯基与布里吉特·丹宁霍夫夫妇还在选址上颇费苦心,直接以德国历史上著名的纪念教堂(威廉皇帝纪念教堂)为背景。这座教堂在第二次世界大战中遭到轰炸,彻底破坏,德国人为了警示后人不要战争,没有对其加以修复。残缺的教堂成为《柏林》最具历史意义的底色。但作品又不单纯地传达了悲伤与反思,铁链之间相同的样貌表达着东西德同属一个民族的事实,相互缠绕割舍不开的动态,预示着一定会重新统一的信念。大多数对历史稍有了解的德国观众立刻就能领会作品意图,并产生共鸣。成功利用抽象构成形式表现深刻的社会主题,这正是作品的首要成功之处。(见图3-3)

图3-3　透过《柏林》看威廉皇帝纪念教堂

马丁·马钦斯基与布里吉特·丹宁霍夫夫妇两人坚持自己的独特艺术语言,不但赋予了作品丰富的肌理感,其独有的镍铬钢表面还具有"闪光效应",在一天中会随着日光变化而变暗或变亮,成功调动了观众的情绪,显示出科技进步在提升作品表现力方面的贡献。除了运用具有构成形式美感的艺术语言,他们还利用了库坦大道中央的绿化带,将作品设计成门状,使市民、游客得以从作品下面通过,体现了新时代雕塑作品适应公共环境并与观众产生互动的特征。

4. 项目社会反响

虽然库坦雕塑大道中的多件作品引发了市民的反对,但这一项目本身却成为德国公共艺术知识普及的重要桥梁。当活动一年期满后,市民强烈反对拆除《柏林》《金字塔》等几件作品,于是柏林市政府和德意志银行从马丁·马钦斯基和布里吉特·丹宁霍夫夫妇手中买下《柏林》以做永久陈列。这也反映出公共艺术实践固然允许大胆的艺术观念探索,但仍要从选题上尊重民意,在形式上具有卓越美感。(见图3-4)

✳ **图3-4　《柏林》近景**

尽管《柏林》随着冷战结束而被拆除,但柏林市政府和市民还是一致认同这件作品能够纪念德国历史上的不幸篇章。作为一件异于传统雕塑的公共艺术作品,能够得到如此高的认同,并产生如此之大的社会意义,正体现了公共艺术形式创新和建设模式创新展现的生命力。作品建立并长期作为城市地标存在的过程,可以看作公共艺术逐渐走入城市公共空间这一社会学过程的范本。

5. 学习要点

库坦雕塑大道作为较早在步行街上实施的公共艺术系列工程,虽然只有《柏林》等少数作品被人们牢记,但这一项目对探索如何调整作品的形式以适应街道这样的环境意义重大,并取得了很多成功经验,为此后步行街公共艺术的建设奠定了基础。

3.2 步行街与公共艺术结合的创新——东京"法列立川"项目

库坦雕塑大道项目更偏向于纯艺术,这也与库坦大道浓厚的历史文化底蕴分不开。在一些新兴的商业街区,如果主办方和策划者被赋予了更大的自由,完全可以将公共艺术与街道的融合度做得更好,这就是发生在日本东京的"法列立川"公共艺术项目。

1. 项目选址

立川市是东京众多卫星城之一,总面积24.38平方公里,人口不足17万。该地曾是美军基地,后返还给日本进行再开发建设,著名的公共艺术案例法列立川项目就在其间。1982年,面积5.9公顷的法列立川项目列入都市整备公团东京支社的"城市商业核心工程"开发项目之中,共7个街区,包括办公楼、宾馆、大型百货公司、电影院、图书馆等11栋建筑。(见图3-5)

图 3-5 立川区远景

2. 项目背景与作者

由于开发预算充裕,因此该项目创新性地引入策展人制度,知名艺术策展人北川弗拉姆负责整体策划。公共艺术建设第一次与街区开发同步推进。

由于立川附近有广域防灾基地、飞机场,建筑物被限制高度为53米以下,单体建筑容积为100立方米左右,因此密度较高,使人产生较沉重的压迫感,同时步行、车行空间也很紧张,因此公共艺术必须和水龙头、消防箱、公共座椅、地面铺装、通风口等设施结合起来,才能做到既美化环境、提升环境品质,又是妨碍出行和影响观瞻。因此,北川弗拉姆对城区公共艺术规划具体的内容如下:

(1)美化有负面形象的公共设施,如垃圾焚化炉。

(2)将现有的公共设施,如地面、建筑外立面、排气孔、地下排水井盖、消防栓、停车标识等有效利用,使它们在实用之余也有艺术价值。

(3)利用广告板隐藏混乱的城市立面。

(4)美化建筑的各连接点,如入口、楼梯口等。

(5)利用公共艺术活化新旧建筑。

(6)美化混乱不美观的汽车与自行车停放处。

(见图3-6)

图 3-6 立川区街景,可见公共艺术化的车挡

北川弗拉姆先后6次出国,本着以下4项原则邀请艺术家,分别是:以国际化、多元化的取向来反映未来城市的国际性;能够体现时代特征的作品;提倡作

品反映出个人文化背景;艺术家拥有国际声誉,或在日本艺坛得到承认,具备未来发展潜力者。通过广泛说明项目宗旨、意图,邀请艺术家进行展示,审慎比较艺术家的国际知名度与艺术风格,最终选择了来自36国的92位艺术家,他们要根据"法列立川"项目的构想完成109件作品。(见图3-7至图3-10)

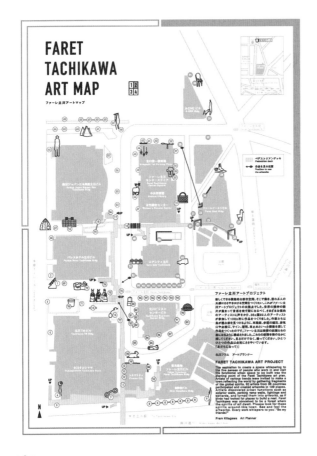

※ 图 3-7　"法列立川"公共艺术计划平面图 1

3. 作品形式与主题

　　完工后的"法列立川"项目共有 109 件作品,包括综合排水沟入口、排气口、洒水管罩、屋顶照明、墙壁、垃圾集中处大门、车辆禁行标志、墙壁照明记号、壁面雕刻、阁楼标志、步行街标志等近乎社区生活方方面面的设施,在为人们提供了极大便利的同时,使该社区艺术氛围浓厚,街道与艺术浑然一体,其中不乏劳申博格经典的自行车现成品艺术,被用作自行车停车场的霓虹标记。在这一百余件作品当中,逐一介绍是不现实的,因此挑选了几件最具有特色的作品予以重点介绍。

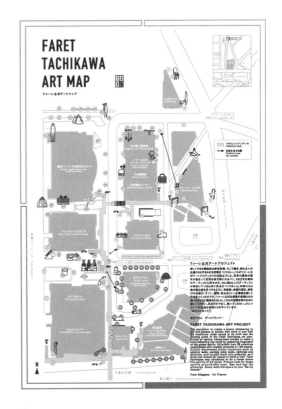

※ 图 3-9　"法列立川"公共艺术计划平面图 2

※ 图 3-11　《口红》

1)《口红》(前卫作品)奥登伯格(美国)

奥登伯格无疑是法列立川项目中知名度最高的艺术家,20 世纪 90 年代正是其创作顶峰之时。他创作的《口红》也是该项目中少有的,没有与具体功能结合的作品,而是保留了"前卫艺术"的独立身份,可见地位较为特殊。

这件作品位于立川区东楼前的一小块近似三角形的空地,北端为圆形,形似一个小舞台。奥登伯格的作品虽然还是取材自世人熟知的现成品方法,但又有许多不同。首先这件作品是二维的,由红色钢板表现出口红涂抹后留下的轨迹,轨迹末端与地面贴合。可以说有些视错觉的因素在内,即利用二维图像表现三维事物。这与熟悉的奥登伯格的立体造型现成品,如同时期巴塞罗那的《火柴》、稍后东京国际会展中心的《锯子,锯》等迥然不同。这显然是与场地的狭窄有紧密关系。而且,可能是尺寸过小的关系,奥登伯格夫妇的官网上并未记录这件作品。(见图 3-11)

尽管受到尺寸和未知的种种限制,奥登伯格还是成功利用口红这种现成品的图像表现了都市文明的特点,这与法列立川的现代化气息是完全一致的。如奥登伯格自己所言,这一形象其实是玛丽莲·梦露的肖像,这位欧美性感女神又为这件作品注入了浓郁的文化气息。

一般来说,这样小型的作品,而且是以单薄的钢板为主要结构,在承受自然力破坏、锈蚀后会更易损坏,所以这件作品较早接受了整体修复和维护,以焕然一新的面貌重新示人。

2)《耳朵椅子》(长椅)藤本由纪夫(日)

立川区公共艺术中有一把座椅与两个风管结合在一起。时常可见游人坐在中间的椅子上,友人在金属管的两端与他对话的戏谑场面。即使单独一人也不寂寞,因为两根金属管上开有大量风孔,传到乘坐者耳中的声音会如音乐一般充满微妙的变化。

跨学科是公共艺术创意的源泉,正是一位出身音乐领域的艺术家想出了"耳朵椅子"的灵感。藤本由纪夫 1950 年出生于名古屋,1975 年在大阪艺术大学获得音乐学学位。他尝试用优雅的方式将音乐和日常生活中的小声音融合在一起。从而,带领观众去发现声音,去聆听声音,将人类感官视觉化、实物化,从而发现一个全新的世界。如他自己所言:"我试图在作品中整合感觉、情感和思想。这意味着体验和概念密不可分,甚至是相互依存。实际上,(我认为)它们有着互相扩展、互相加强的潜能。"

《耳朵椅子》位于日本兴亚财产保险公司前的草坪上,与线状的街道空间形态契合,并能提供有限的休息功能。《耳朵椅子》一直是立川区公共艺术中最惹人喜爱,与人们互动最频繁的作品之一。(见图3-12)

※ 图 3-13 《最后的购物》(通风口)

※ 图 3-12 《耳朵椅子》(座椅)

3)《最后的购物》(换气口)谭大伍(新加坡)

在立川购物大楼出来走下天桥后,一个巨大的购物篮出现在眼前。这种设计手法本身则属于奥登伯格发扬光大的现成品艺术,使人们在沉重、略显压抑的建筑群中感受到一份轻松活跃,也与周边的休闲购物氛围相契合。实际上,这个购物篮高达3.7米,由不锈钢制成,遮挡住地下通风口,有别具一格的作用。

尽管这件作品知名度甚高,但关于它的作者其实有很多误解,由于法列立川项目的介绍中只介绍了"Tang Da Wu"这样的拼音而没有对应的汉字。因此国内各种文献在转载时,谭大伍、唐大伍、唐大吾等各种说法不一而足。其实只要是对当代艺术有些了解,就会想到谭大伍,这位1943年出生,被誉为最有创意的新加坡当代艺术家。(见图3-13至图3-15)

※ 图 3-14 《最后的购物》与周边建筑环境的关系

※ 图 3-15 《最后的购物》细节

如果了解谭大伍的创作特点与经历，就会对这件作品的内涵有更多的理解。谭大伍的创作领域广泛，涉足绘画、雕塑、装置、表演等多个领域。他的作品通常有较深的社会寓意，从对战争与苦难的反思，到对快速变迁的社会中个人的境遇，但更多的则是对环境和生态的关注。所以，作者其实是将一个寻常生活中的藤筐放大到与建筑墙体同一尺寸，既突出购物与日常生活的通俗意义，强化了藤筐的形象，又强化了藤筐这种利用原生态材料制成的物品背后的环保意义。

4)《矿物篮子》(露天咖啡店)让·皮埃尔·雷诺(法)

沿尼基·德·圣法尔的《对话》再向前走，一个庞大的红色花盆出现在人们的视野中。这就是法国艺术家让·皮埃尔·雷诺的《矿物篮子》。

让·皮埃尔·雷诺被誉为欧洲新现实主义的创始人，创作手法多样，经常触及敏感性话题。实际上，花盆是他的标志性艺术元素。蓬皮杜国家艺术和文化中心前高高架起的金色花盆就是他的作品，金色花盆还曾来到故宫展出。(见图3-16至图3-18)

图 3-17 让·皮埃尔·雷诺在故宫展出的同类作品

图 3-18 让·皮埃尔·雷诺在蓬皮杜国家艺术和文化中心展出的同类作品

图 3-16 《矿物篮子》(露天咖啡店)

作为法列立川项目中单体尺寸最大的作品，《矿物篮子》首先具有深厚的生态寓意。在冰冷的都市环境中，这种形象，为环境增添了自然的气息。再结合鲜艳的色彩，使此地成为人们乐于经过和休闲的地方之一。根据介绍，《矿物篮子》还具有露天咖啡店的功能，可能入口在地下，此处仅起到天窗的功能。

5)《车辆禁行》维托·阿康奇(美国)

在109件作品中，位于核心区的一辆被从中截

开的小汽车模型《车辆禁行》总是很受游客的欢迎，尤其是受小孩子的欢迎。从一个平时看不到的视角观察，熟悉的小汽车也具有了全新的艺术魅力，并为人们提供了一个开放的互动场所。这件作品的设计者是身兼雕塑家、设计师、诗人等多重身份的维托·阿康奇(Vito Acconci)。1940年出生的维托·阿康奇素以不羁的想象力著称，善于打破艺术门类的局限，兼具雕塑、景观、设施身份于一身的《大地的面庞》系列就是其代表作。(见图3-19)

如果从所在环境来看，这半辆小汽车放在这里并不仅是供人们游乐的。它是街道设施的有机组成部分——车挡，日语称为"车辆禁行"。在立川核心区这一带，分开车行路与人行路的重任就落在这

些艺术品上,这实际上限制了这些艺术品的形制与尺寸。事实上,核心区南面道路上密集排列着 10 件日本艺术家的作品,它们基本呈柱形。唯有维托·阿康奇的作品位于东面。事实上较长的尺寸使其可以更好地担当自身被赋予的功能,并且通过互动途径与环境更好地结合在一起,体现出其成功之处。(见图 3-20 和图 3-21)

※ 图 3-19 《车辆禁行》

※ 图 3-20 《车辆禁行》另一面

※ 图 3-21 《车辆禁行》内部可供儿童玩耍

6)《蜻蜓飞机的消息 》"树木环绕"(树算子)
长泽伸穗(日)

按照立川公共艺术地图,在场地最南端,距电影院不远应当可以看到长泽伸穗的作品《蜻蜓飞机的消息》。但是当我们真正来到这里时,很可能一时没有任何发现。因为这件作品与地面齐平,在传达主题的同时担当的是树算的功能。

树算子也称格栅,也称树穴盖板或护树板,是街道绿化带或公园绿化必不可少的设施,既可以保持土质疏松,避免水分流失,更可以使树穴与地面铺装齐平,避免意外受伤。传统的树算子多为单纯的格栅或几何图案,能起到一定的美化功能。但日本女艺术家长泽伸穗却将自己的构想与这种平时不起眼的设施结合在一起。在树算子上可以看到蜻蜓造型逐渐演化为轰炸机,首尾相接。长泽伸穗其实在这件小作品中寄托了对日本传统的追忆和对美国占领军的复杂情感。在她的设想中,蜻蜓作为侏罗纪时期生存的昆虫中最原始的一种,在立川这一地区有较长的历史,也是立川当年拥有湿地、沼泽这样原生态环境的象征。另一方面,美军占领后,这里变为空军机场,美军轰炸机在立川上空留下长长的投影。通过蜻蜓与轰炸机的形象转换,长泽伸穗其实是在诱发人们思考该城市的历史,恢复城市生态。至于为什么是七棵树,既有单一作品尺寸过小容易被人忽视的原因,也与长泽伸穗希望向德国新现实主义大师博伊斯的经典名作《种植7000 棵树》致敬有关。

在《蜻蜓飞机的消息》中,我们可以看到艺术家如何通过人文思考与社会责任感,在很不起眼的设施上实现艺术主题,并与城市人文环境契合在一起。与单纯强调形式感,追求材料表现力或刻意宣扬理念的作品相比,这样的作品才是城市公共艺术的最佳代表。(见图 3-22)

※ 图 3-22 《蜻蜓飞机的消息》

4. 项目社会反响

法列立川项目在一块相当紧凑或说逼仄的土地上,通过大面积植入公共艺术,在满足功能使用的同时,美化环境,为大众生活提供便利与享受,在一定程度上化解了都市压力。同时,结合良好的宣传工作,还使立川成为海外游客来到京都几乎必去的景点之一。旅游业的繁荣带动了当地经济和就业,活跃了人气。这就是该项目获得1994年年度的"日本都市计划学会设计计划奖"的原因。(见图3-23)

5. 学习要点

面对步行街环境,设计者首先需要深入考察步行街或小型社区的空间形态与功能分布,在此基础上制定作品的尺寸。在相对狭窄的空间中,作品可以通过系列化组织来实现与环境的契合,并彰显自身的艺术主张。

※ 图3-23 雕塑车挡

其次,步行街空间普遍局促,又承载了相当多样的功能,如车辆接驳设施、通风管道等都必然存在。因此步行街的公共艺术必然要与功能紧密结合,从而达到节省空间并活跃社区氛围的目的。

最后需要重视,商业集中的步行街人员构成多样化,公共艺术的主题和形式应尽可能简洁、直白,易于理解。

3.3 步行街与公共艺术结合的本土实践——成都"太古里"项目

随着中国经济快速发展,公共空间艺术建设在许多城市繁荣起来。相比于北京、深圳等城市而言,位于西南的四川省省会成都在公共艺术建设上取得的成就尤为令人瞩目。从跨国合作,注重生态效应的活水公园,到劳伦斯设计的可爱的大熊猫《I am here》,都是公共艺术概念在中国的成功实践。近年来成都远洋太古里"天空艺术馆"项目又成为小型社区与步行街公共艺术类型的焦点。

1. 项目选址

成都在中国当代公共艺术版图上取得成功有其自身的原因,首先成都历史悠久,有注重文化建设的传统;其次成都近年来经济增长强劲,为城市改造和引入海外智力提供了雄厚的支持;最后成都相比北京和深圳等城市而言,又有着注重生活品质和"慢生活"的声誉,这为艺术创作提供了宽松包容

的氛围。

成都远洋太古里"天空艺术馆"项目是一个由远洋地产与太古地产合作的地产项目。该项目地理位置北临大慈寺路、西接纱帽街、南靠东大街,与成都地铁2号线及3号线的春熙路交会站直接连通,建设目标是一座总面积逾10万平方米的开放式、低密度的街区形态购物中心。

2. 项目背景与作者

在深刻理解成都城市性格以及成都消费者生活习惯的基础上,项目总设计师郝琳以"快里"和"慢里"概念为设计出发点。"快里"是相对节奏较快的开放式街区,由三条购物街贯通东西两个人群密集的广场,集中了诸多国际品牌独栋或复式的旗舰店,体现国际大都会的时尚潮流脉动;"慢里"则着力打造慢生活节奏,围绕着千年古刹大慈寺展

开,为生活悠闲、热爱美食的成都人与游客服务。成都远洋太古里快慢结合的设计手法,成功保留成都市中心的市井风貌历史文脉,尊重成都人的地域情感,同时又为春熙路这个传统商圈注入了新的生机。(见图3-24至图3-26)

❋ 图3-24 太古里夜景

❋ 图3-25 太古里远眺

除了与传统中式建筑的关系,太古里项目还高度重视国际视野和现代环境品质的营造,因此特邀海内外知名艺术家设计19件公共艺术作品,摆放在开放式街区的各处。两件分别位于太古里负一层和地铁广场,其余17件作品以一定间距分布各处。太古里公共艺术作品的主题相对宽泛,材质也相对传统(如青铜、石头、镜面不锈钢等)。所有作品既注重传统形式美感,又关注到商业氛围和休闲体验的营造,在与人的互动和交通流线上有着深入的考虑,总体效果十分突出。

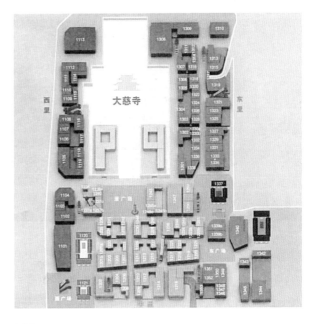

❋ 图3-26 太古里项目平面图

3. 作品形式与主题

这里共选择以下几个作品加以介绍,分别位于快慢里之间、快里边界等地,其地理位置和对应的名称后面会逐一介绍。

1)《Gingko Mantles》David Harber(英)

对社区或步行街来说,入口处的公共艺术建设需要视觉效果醒目,兼顾行人和车辆驾驶者的视角,重要性很高。位于太古里入口,纱帽街与大慈寺路的十字路口,也就是太古里与西面交界处的是由英国艺术家 David Harber 创作的《Gingko Mantles》,中文名为《蓉杏》。蓉是成都别称,杏则代表银杏,可见作品深深植根成都地域文化。

《蓉杏》的形式在当代公共艺术中也极具代表性,形态上则是能够适应各种环境形态,并具有很高安全性的球体。表皮也是采用很普遍的镂空处理方式。

David Harber 的作品风格以球体为多,采用开洞、镂空等各种方式来表达主题或与环境的契合。这一次,他以带有破损的镂空球体寓意着地壳,而内部绘成金色代表地球内部跳动的熔火之心,两者之间的关系其实是地球生态系统的隐喻,表现内在生命力的旺盛。这是不同文化背景下人们都能无障碍理解的主题,与步行街或小型社区的现代化商业氛围也无违背之感。(见图3-27)

不过不同的是,这一次他选用成都的标志性树种,也是文化象征性植物银杏的叶片作为主要表皮材料,加以焊接形成球体。镂空表皮的处理方式也有悠久的历史,奥登伯格最早在芝加哥《棒球棒》上就采用了模数化镂空处理,消解其真实属性,使得高达 24 米的巨大《棒球棒》毫无压迫感,尺寸上又与周边高大建筑相适应。《棒球棒》取得极大的成功。镂空的处理方式以后被众多艺术家采用,比较典型的就是西班牙艺术家乔萨玛以大量字母组成人像表皮的方式。

除了镂空表皮能够更好地适应环境,在当代语境和技术条件下,镂空表皮还有一个优势,就是能够很好地提供照明效果。以苏格兰落成于 2013 年的《The Kelpies》为例,其镂空,密布纹理的表皮能够使灯光由内向外散射,形成柔和、浑然一体,甚至于奇幻的视觉效果。与传统上依靠外在射灯等光源的照明方式截然不同,还有效降低了能耗。《蓉杏》就是如此,外部光源穿过镂空表皮,被内部反射,形成耀眼的视觉效果。也有效地平衡了作品昼间和夜间视觉效果的差异。

总体来看,通过一系列当代公共艺术典型设计手法的采用,与成都地域文化元素的有机结合,《蓉杏》取得了很大的成功。由于其重要的入口位置,在各类媒体上出现率很高,得到了广泛的认同。同时其圆浑的外表与很高的加工精度,又展现了太古里这一高端商业步行街时尚、精致和多元的氛围。

2)《Eco Flow》Kim Tae Sue(韩)
太古里快里边界与南糠市街的三岔路口一边

是高楼大厦,一边是较为精致的三层独栋,建筑反差和高差比较强烈,因此在爱马仕旗舰店与 Cartier 之间是韩国艺术家 Kim Tae Sue 的作品《Eco Flow》,意译应该是生态花,但中文名一般为《绽放》。《Eco Flow》采用了典型的渐变构成手法。一个红蓝相间的圆柱体呈抛物线展开并逐渐扩张,所有的面都渐变扩大,线与线之间也彼此拉开距离,产生了奇妙甚至有些奇幻的视觉效果。鲜红和亮蓝两种颜色体现的明暗、冷暖变化也进一步加强了视觉的效果。作者希望通过这种由小到大,由收拢到放开的过程体现生命孕育的过程,从地面涌出又落回地面则代表着一个生命的轮回过程。(见图 3-28)

※ 图 3-28 《绽放》

如果与世界先进水平相比,《绽放》有些地方还有不足。首先是没有内置光源,主要依靠地面上的 LED 地灯照明,产生反射效果。虽然地灯设置考虑到了作品独特的形态,但比起英国柴郡与其名称相近的《未来之花》等作品的内置光源,还有表现力上的诸多不足。另外,《绽放》没有实现乘坐、休息或嬉戏游乐的功能,虽然这一问题普遍存在于太古里项目公共艺术作品中,但就《绽放》的尺寸、形态和所处位置,不具备这些功能是最为遗憾的。

总体来看,《绽放》基本采取了世界范围内小型社区和商业步行街公共艺术设计的诸方面要素,虽然有诸多不足,但基本达到了活跃建筑空间环境,美化环境的设计初衷。

3)《Father&Son(父与子)》
太古里的文化核心在大慈寺附近,MUJI 世界旗舰店东侧广场上,是名为《父与子》(《Father&Son》)的公共艺术。这是一组采用了典型像素化设计手法,并适应广场空间的公共艺术作品。

虽然父与子看似一个亲情题材,但如果看到这件作品所处的位置正好是慢里、快里之间的过渡空间,就会很容易领会作者的设计意图。人们能够很容易地通过静止的姿态和扬手呼唤的动作辨识出父亲的形象,也能够通过富于活力、俯身奔跑的动作辨识出儿子的形象。父亲的形象寓意传统文化,儿子的形象寓意发展与未来,在慢里、快里之间,这一主题能够很好地呼应传统与现代交融的文化内涵。(见图3-29)

❋ 图3-29 《父与子》

作者还运用了近年来十分时兴的像素化设计手法。像素化方法对应当前数字化时代的视觉环境,将形象转化为块或片组成的立体形象,消减了具象形象可能带来的沉重感,使之与不同身份背景的观众都能有所呼应,还具有一定的谐趣感。与《数字虎鲸》等作品不同,《父与子》的基础元素更接近片状,这主要是为了对应所采用的材料——抛光至镜面效果的不锈钢。这又使作品融入了镜面反射的艺术效果,令观众如同透过镜子看到自己,从而与作品以及主题产生更充分的互动。但这种手法上的"混搭"也带有较明显的人为处理痕迹,而不是完全模数化生成的,这使其在形式感上多少还有瑕疵。

总体来看,《父与子》很好地呼应了慢里、快里之间文化氛围的过渡,寓意着太古里乃至整个成都新旧文化之间的交融共生,活化了所在环境,令硬质铺装为主的广场聚拢了人气,达到了很好的艺术效果。

4)《Lunar Light》Belinda Smith(澳)

在寸土寸金、人流密集的商业街,公共艺术往往需要采用尽可能节省空间的设置方式,比如在广场上水平展开的不锈钢球体在步行街上往往会缩小尺寸,并垂直堆叠处理。但最能节省空间的做法,无疑就是依靠周边建筑,将公共艺术作品悬吊起来。在春熙路地铁站地面出口进入太古里最便捷的一条步行街与南糠市路交口,中二层的位置,可以看到澳大利亚艺术家Belinda Smith设计的作品《Lunar Light》。Lunar是英语月亮之意,中文意译为"婵娟"。

《婵娟》在形式方面从月亮上汲取较多的灵感,作品主体为镜面抛光的不锈钢球体,作品表面的镂空小点和短线是按照已知月球表面痕迹和恒星可能在月球呈现的图像雕刻的,既提高了技术含量,又丰富了视觉肌理。这种处理方式可以说在中西融合方面做出了较大的努力,既采用了中国传统神话中引人联想的意向,又采用了西方式的写实表现方式与现代化材料工艺。这是与太古里公共艺术项目的总体宗旨(即促进新旧文化的交融)相一致的,也取得了很大的成功。(见图3-30)

❋ 图3-30 《婵娟》

《婵娟》作品自重不大,用周边建筑引出的四根钢丝拉起,悬挂于半空之中。一方面节省了用地,不妨碍步行街繁忙的交通流线。另一方面也具有一定深刻主题意义,那就是在繁忙的现代化都市,希望人们能有时间抬头仰望天空,思考一些日常生活之外的问题。

值得一提的是,《婵娟》内部设有光源,在夜晚可以透过小点和缝隙发出柔和的光芒,虽然提高了成本,但是视觉效果有很大幅度的提升。

5)《Philosopher's Stone》Blessing Hancock & Joe O'Connell(美)

在位于太古里慢里与快里的中间地带的广场上,正对着大慈寺的南门,是由美国雕塑家Blessing Hancock 和工艺学家 Joe O'Connell 联手打造的作品"Philosopher's Stone",英文原意为"哲学家之石",中文意译为"漫想"。(见图 3-31 和图 3-32)

❋ 图 3-31 《漫想》

❋ 图 3-32 《漫想》夜景

《漫想》带有比较典型的异型不锈钢结构处理,这与《云门》等案例有一致性,只是尺寸上小很多。小尺寸的异型结构是人力可以把控的,当然计算机辅助设计的介入会进一步提高精度,改善效果。

《漫想》最主要的一点是其表皮,表皮主要由中英两国诗人的名句组成,体现为字母或汉字的镂空图案。包括英国浪漫主义诗人威廉·华兹华斯的诗句,以及杜甫《春夜喜雨》中的诗句"晓看红湿处,花重锦官城"和陶渊明《归园田居》中的诗句"久在樊笼里,复得返自然"等。利用字母作为镂空表皮在公共艺术中有着悠久的历史,奥登博格在英国米德尔斯堡的《漂流瓶》就采用了库克船长的名句,与奥登博格夫人布鲁根的诗歌字母进行拼接组合,成为内外两层框架兼表皮,也就是说表皮受力,不必单独焊接框架。这种镂空的表皮显得通透,活跃了周边的气氛。

随着科技的进步,LED 等寿命长、能耗低的照明器材普及开来,在镂空表皮内部设置光源,提供独具一格的夜间照明效果,这一处理方式也被世界范围的艺术家广泛采用。《漫想》也是内部装设 LED 灯,由于作品的异型结构,因此光影图案反射到地面上效果令人印象深刻。作品还添加了与友人互动的环节,人们可通过表面的按钮改变灯光的颜色,成功吸引来往行人驻足观赏和玩耍拍照。

总体来看,《漫想》成功利用诗歌这种人类社会普遍的艺术创作与文化传承方式进行交流,这与新宿步行街项目中意大利艺术家的探索是一致的。作品复杂的形式和较高的技术含量,与充分的互动考量,成功地促进了慢里与快里的气氛过渡,呼应了项目总体促进新旧文化交融的宗旨。

6)《Be Our Guests》范姜明道(中国台湾)

同样是位于慢里、快里的分界线,在大慈寺竹林环绕的灰瓦红墙外,可以看到台湾艺术家范姜明道创作的《Be Our Guests》,直译为"欢迎来做客",中文名定为意译的《闲聚》。

《闲聚》所处的位置非常独特,背后是作为传统文化象征的大慈寺,对面则是时尚典雅的高档冰激凌店哈根达斯。范姜明道独创地从四川悠久的茶馆文化中吸取灵感,采用由 6 把富于四川特色的竹椅组成。竹椅的形状分为 3 种典型的川蜀茶馆椅子,每个类型各有 2 把。6 把椅子高低不同,错落有致。其中5把特意拉高椅脚,朝向中心,围绕出一个未满的圆圈,营造出一种喝茶闲聊的悠闲氛围;而唯一的一把高度正常的椅子,摆放在正中间,给过往的行人提供了拍照和休息的佳地。

作者采用竹椅为基本元素表现主题可能有很多人不理解,但从公共艺术的设计范式来说,采用椅子、沙发等为主题是一种常见的方式,因为供人乘坐休息,是公共艺术最基本,也最易于实现的功能。如果艺术家要实现自己的艺术追求,又要实现这一功能,那么最简洁的形式元素其实就是椅子本身。比如美国著名艺术家斯科特·伯顿就惯常以各种家具的基本形态作为自己的造型元素,致力于打破传统美术与实用设计之间的疆界。这些体现风格派和包豪斯影响的家具造型雕塑得到艺术评论家的认可,并长期在美术馆中展出,当展出结束时就把它们当作真正的家具使用。再比如北京菖蒲河公园内的作品《对弈》,作者以中国传统的太师椅为基本造型元素,青铜铸造,两两相对,中间是富于雕琢感的大理石桌,令人马上想到是对弈者空留椅子在此,会心一笑之余自然上去坐坐,可谓"坐"出新裁。

从主题意义上来说,范姜明道作为一名在创作中长期关注人们生长、生活所依托的环境的艺术家,其作品以深切的人文关怀闻名。选用竹椅和其代表的茶馆文化,是一种文化传承的努力,也是沟通新旧文化交融,唤起旧时记忆和努力追赶现代文明的意向。同时作为太古里公共艺术项目中不多的带有实际功能的作品,也起到了完善项目不足的作用,充分达到设计的初衷。(见图3-33)

另外,范姜明道在太古里还创作了一件作品,类似钥匙孔形态,名为《穿越》。

7)《Walking Through》Polo(法)

法国艺术家 Polo 的作品《Walking Through》位于西广场 GUCCI 及广东会馆之间,用方正的框架结构表现了一位正在走进里巷的巨人。这些框架的使用借鉴了旁边广东会馆的川西民居风格的窗框,体现出对环境契合度的重视与文脉的传承。框架的采用也是近年来公共艺术的主要趋势之一,造型规则简便,理解起来无障碍,还不阻挡视线,不阻挡交通流线,有诸多优势。(见图3-34)

图 3-33 《闲聚》

图 3-34 《Walking Through》

8）《四川草莓》和《樱桃》

在西里二层和中里二层，分别摆放着由中国艺术家武海鹰创作的《四川草莓》和《樱桃》，作品的主体分别是一组三枚草莓和一组三枚樱桃，它们都是四川的水果特产，味道甜美。作者通过大小、位置上的调整营造形式美感。特别是草莓一组作品，还通过将一颗草莓切半来提供乘坐休息的功能。可以将这一尝试看作是奥登伯格现成品公共艺术的中国化，证明在新时代和东方大地上，现成品公共艺术作为一种适应性强的创作方法，还会有很旺盛的生命力。（见图3-35和图3-36）

❋ 图3-35 《四川草莓》

❋ 图3-36 《樱桃》

9）《跃动》George Cutts（英）

由英国艺术家George Cutts创作的《跃动》是太谷里项目中唯一一件电动公共艺术，灵感源于中国幸运竹，但按照作者的意图，《跃动》相辅相成

的和谐造型与中国风水阴阳相似，象征着好运与财富的到来。但从形式上来看，总体上尺寸较小，属于线构成范围。作品与环境的一体化程度较高，通过水体设置阻挡人们穿过，提高了安全性。（见图3-37）

❋ 图3-37 《跃动》

其他几件作品相对于上面的作品来说，代表性不高，就不一一介绍了。

4. 项目社会反响

总体来看，太谷里项目作为近年来中国小型社区和步行街公共艺术的代表，基本达到了国内领先水平，与海外最高水平相比虽还有不足，但赶超趋势很明显。其优点和不足可以归纳如下。

首先是国际化程度高。太谷里项目广泛邀请世界范围内的艺术家，特别是英、法等公共艺术发达国家艺术家进行创作，将先进的创作理念和制作工艺引入国内。绝大多数作品基本达到当前世界

范围内公共艺术的平均偏上水平,达到了设计的初衷,有助于国内公共艺术领域的整体水平提高。其次是与所在环境契合度高。结合太古里的特点,还注重快慢节奏的调和与新旧文化的融合。一些作品还考虑到了与物理环境的结合,节省了空间,提高了安全性。

但如果进行认真分析,也能发现一些问题:首先就是对于步行街公共艺术来说,大多数作品对功能提供重视程度远远不足,仅有少数作品能够提供休息功能,技术含量不足,人体工程学考虑不够深入。相比海外高水平案例,与铺装、建筑的一体化设计程度还有限。其次是颜色运用相对保守,大多数作品都是金属或其他材质固有色,缺少相对鲜艳的色彩,虽然这里面有周边建筑以灰色调为主的原因,但仍有进一步大胆探索的空间。(见图3-38)

※ 图3-38 太古里街道一角

5. 学习要点

太谷里项目中的公共艺术经过与环境的一体化设计,充分考虑到了步行街的人文氛围,大多数作品都基于具有广泛意义,能为绝大多数观众所接受的主题创作,并采用较为简洁、直白的形式,因此取得了较大的成功。

3.4 延展阅读、开放性探讨和创意训练

延展阅读:索尔·莱维特和极少主义

在东京新宿街头可以看到美国艺术家索尔·莱维特的《艺术墙》。索尔·莱维特是极少主义的代表人物。他使用经过边长严格计算的立方体为基本创作元素,其代表作为《未完成的立方体》。美国艺术评论家罗伯特·C.摩根将索尔·莱维特的作品描述为"系统艺术的视觉化",并指出"这一视觉系统基本建立在格子式的立方体单位基础之上",位于新宿的这面艺术墙就采用了典型的重复构成美感,体现了其一贯的造型法则与主题观念。

总结极少主义可以发现,这一流派采用的造型语言主要来自包豪斯设计理念或说建筑上的"国际风格"。极少主义者追求的视觉效果则受到格式塔心理学的影响。极少主义的后现代意识形态和波普主义同源,两者在某种程度上有着相近的文化背景和历史渊源,但它没有波普主义艺术那样大众化的,甚至自嘲的外表,自然也不像波普主义艺术那样受大众欢迎,这使其从20世纪70年代的巅峰逐渐走向衰落。

开放性探讨

话题1:你对"法列立川"项目中策展人制度的作用如何评价?

话题2:在"法列立川"项目中,北川弗拉姆提出的6条改造基本原则,你认为在中国步行街公共艺术建设中有多大的可复制性?

话题3:通过成都太古里的成功经验,可以总结出大量不同国籍、文化背景的艺术家在一个项目中应当共同遵守怎样的指导性创作原则?

创意训练

要求:借鉴世界范围内步行街公共艺术设计经

典案例,活用创意思维,紧密结合步行街线性环境特征,完成一件公共艺术概念设计,要求环境契合度高、主题意义突出、形式感优美、功能便利性强、图纸表达完整。

案例　针对步行街环境的公共艺术设计——《Umbrellas for you》

设计者:董皓月　指导教师:王鹤

设计周期:7周

介绍:该方案位于步行街上,从步行街的线性空间特点与商业休闲功能需求出发,选用了不同年龄、性别的人物剪影形象,撑伞为公众提供简单的避雨、休息功能,形式感优美、主题意义直白,功能性较强,基本达到设计的要求。

环境契合度:人物形象采用与步行街平行布置,占地面积小,以不阻碍交通流线,具有环境契合

上的合理性。但不足之处在于没有利用水体或其他手段限制人们的观赏角度,安全性也不理想。

主题意义:选择人物举伞的形式带有促进温暖互助,提升环境宜居度的积极主题,值得鼓励。同时这一主题比较简明直白,不同文化背景的游客理解起来不会产生明显的歧义,在步行街这样人流密度大,使用者身份背景多样的环境中至关重要。

形式美感:不同人物剪影形象配合以鲜艳色彩,体现出对剪影形式创作手段的准确把握,营造出温馨的亲情感受,形式感突出。

功能便利性:作品本身不但提供了遮阳挡雨的实际功能,还融入 LED 灯以提升照明效果,进一步提升服务公众的实际意义。

图纸表达:表现上的手绘很有韵味,但缺少一些必要的设计要素,有待今后完善。(见图 3-39)

※ 图 3-39 《Umbrellas for you》

第4章

大学校园公共艺术精品案例赏析

DAXUE XIAOYUAN GONGGONG YISHU JINGPIN ANLI SHANGXI

大学校园公共艺术由于其设置地点特殊而引起各界重视。大学校园相对封闭,建筑空间形态比较多样化,而且存在新旧风格并存的状况。但大学校园更主要的环境特征在于人文领域,大学校园的主要人群——大学师生普遍具有思维活跃、艺术审美眼光较高等特征,而且现代社交媒体的普及又使得大学生可以快速分享看法并形成舆论事件。进入 21 世纪第二个十年以来,伴随着国内高等教育事业的快速发展,高校校园雕塑的建设也步入快车道,主题上更为多元,形式上更趋多样,特别是不同类型的抽象雕塑建设取得了一定成就。但是,由于形式、主题选取不当等多方面原因,近年来部分高校校园雕塑遭到网络媒体相当广泛的调侃,甚至所谓的"恶搞"。如何解决这一问题,如何在中国高校校园公共艺术设计中进一步提升质量,打造精品,海外多所大学可以为我们提供先进的经验,其中美国宾夕法尼亚大学的校园公共艺术建设就是这方面最成功、最值得借鉴的案例之一。

4.1 大学校园与公共艺术结合的典范——纽约大学等系列实践

总体来看,在整个 20 世纪后期,随着美国国家艺术基金的资金投入,众多美国大学纷纷开展新兴公共艺术建设,并取得一定的成果,这里挑选了 20 世纪后期几所在公共艺术建设上有特色的美国大学加以介绍。

 美国纽约大学校园公共艺术

>>>>> 1. 项目选址

纽约大学(New York University),简称 NYU,1831 年成立于美国纽约,集中坐落于曼哈顿和布鲁克林下城,现在是一所世界顶尖级私立研究型大学。学校师生校友中目前拥有 37 名诺贝尔奖得主,许多专业世界闻名,尤以商学院和艺术学院著称,先后产生过 30 多名奥斯卡金像奖得主,是世界电影教育最重要的基地之一。(见图 4-1)

>>>>> 2. 项目背景与作者

这种浓厚的艺术氛围决定了纽约大学校园公共艺术的建设水平不同一般。早先有毕加索为贝聿铭设计的教职工宿舍完成的作品,后来则有法国老一代艺术大师让·阿尔普的力作。

让·阿尔普是与马歇尔·杜桑同时代的老一辈达达艺术家,他 1887 年生于法国斯特拉斯堡,

※ 图 4-1 纽约大学鸟瞰

1915 年成为达达派的创始人之一。让·阿尔普在艺术领域涉猎广泛,并在形体的抽象及不断单纯化方面钻研颇深。不论是木刻、石刻还是铸铜雕塑,优美的形体、光滑的曲线都张扬着生命的活力和神秘。(见图 4-2 至图 4-6)

>>>>> 3. 作品形式与主题

在外轮廓线的处理中,让·阿尔普使用了统一、渐变、对置等手法,保证了形态的优美,仿佛是一个张扬活力的精灵来到了都市中,消除了冷漠与隔阂。优美的曲线与所处环境十分相契。同时,由于作者在此领域的深厚积淀,这种优美的形式还升华为典雅、高贵,具有内在的蓬勃生命力,属于拉伸二维图像公共艺术作品中的经典之作。另外,作者精心处理了表面抛光度,使之既光洁又不过于张

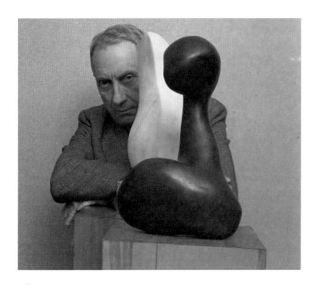

※ 图 4-2　让·阿尔普与他的作品

※ 图 4-3　纽约大学让·阿尔普的作品

※ 图 4-4　纽约大学让·阿尔普作品的左视图

扬，与公共艺术中一般使用的喷漆处理相比别有一番韵味。

※ 图 4-5　纽约大学让·阿尔普作品的侧视图

※ 图 4-6　纽约大学让·阿尔普作品的右视图

4. 项目社会反响

作品落成后不但成为纽约大学地标之一，还成为厚度拉伸公共艺术的经典案例，得到广泛借鉴。

5. 学习要点

拉伸二维图像公共艺术作品尽管在表达深邃主题方面有所不足，但是主题直白，不会引起争议，在主要人群思想活跃的大学校园是非常恰当的艺术形式。

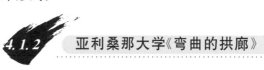

4.1.2　亚利桑那大学《弯曲的拱廊》

1. 项目选址

亚利桑那大学（The University of Arizona，简称 UA），世界知名高等学府，美国最负盛名的公立研究型大学之一，始创于 1885 年，坐落在亚利桑那州第二大城市图森市。该校的天文、地质、地理、土建等学科有着雄厚的科研实力,而人类学、社会学、哲学,工程学、生命科学在美国也名列前茅,被誉为"公立常青藤"大学之一。美国著名女艺术家阿西娜·塔查(Athena Tacha)1980—1981年为该校校园创作的作品《弯曲的拱廊》十分成功,并与校园环境相得益彰。

2. 项目背景与作者

阿西娜·塔查1936年出生在希腊拉里萨,在环境公共雕塑和观念艺术领域负有盛名,同时深入涉猎摄影艺术。其艺术作品注重抽象的形式感,强调节奏、模数和韵律。其1978年出版的《作为形式的节奏》一书很准确地诠释了她的艺术哲学。

3. 作品形式与主题

在《弯曲的拱廊》中,阿西娜·塔查完全放弃了传统雕塑对体量的追求,如折纸一般剪裁钢板,所有面的宽度与间距都体现着模数化的秩序感,宛如在草坪上接受检阅的队伍。首先,这有作者注重规律和建筑形式感的创作主旨在内,甚至这件作品的副标题是"向贝尼尼致敬",可见作者希望在当代公共艺术设计中集中阐释这位巴洛克王子在建筑形式上的灵动飞舞。其次,这种重复的手法乍看之下仿佛略显单调,但穿行其间则能体味到实体与虚空尺寸不断变化的奇妙,也为大学生们嬉戏、休闲提供了合适的场所与充足的空间。最后,作品的钢板一面为蓝色,一面为红色,加强了这种视觉上的多变感。(见图4-7至图4-9)

图4-7 《弯曲的拱廊》全景

4. 项目社会反响

《弯曲的拱廊》创作年代早,在长期存在中深得师生喜爱,成为图森大学文化地标之一,也为世界范围校园公共艺术广泛借鉴。

图4-8 《弯曲的拱廊》近景1

图4-9 《弯曲的拱廊》近景2

5. 学习要点

这件作品再一次印证了简洁的形式、丰富的功能、与学生充分互动的设计,是校园公共艺术成功的关键。(见图4-10至图4-12)

图4-10 《弯曲的拱廊》侧视图

※ 图 4-11 《弯曲的拱廊》局部

※ 图 4-12 《弯曲的拱廊》局部的另一种色彩

4.2 大学校园与公共艺术结合的争议——哥伦比亚大学等案例

正如前述大学校园诸如大学生思想活跃等特定人文特点,因此大学校园公共艺术建设引起争议甚至失败的案例很多。对这些存在争议或失败的案例的介绍有助于我们更清楚大学校园的人文特点。

4.2.1 哥伦比亚大学围绕摩尔《侧卧的人》的争议

>>>>> **1. 项目选址**

哥伦比亚大学位于美国纽约市曼哈顿上西城,历史悠久,是 1754 年根据英国国王乔治二世颁布的《国王宪章》成立的。校友中包括 34 位国家元首、96 位诺贝尔奖得主和大批大法官、亿万富翁等,在世界范围享有盛誉。(见图 4-13)

在校园公共艺术建设领域,哥伦比亚大学风格

※ 图 4-13 哥伦比亚大学全景(图书馆前)

独特,即偏好古典传统风格。最典型的就是 2004 年哥伦比亚大学 250 年校庆之际,哥伦比亚大学校友集体赠送给母校的《学者狮》。这件作品的视觉

形象来自哥伦比亚大学的皇冠与狮子结合盾形纹徽,同时展现出哥伦比亚大学在高教领域的一股王者之气。(见图4-14)

图 4-14　哥伦比亚大学的《学者狮》

另外,其大多数学院门口都布置有能反映该学院历史、特点的雕塑,比如哲学院门口就摆放有世界为数不多的罗丹《思想者》真品。顺带说一句,用青铜铸造雕塑有个不成文的规定,只有用原始模具最初铸造出来的8件作品才是真迹,还需要有艺术家的亲笔签名或指纹做证。当然由于一些拥有大师著作权的机构管理不严,这一概念近年有混淆之势。回到作品上来,《思想者》是罗丹创作的《地狱之门》中的核心雕像,反映了主人公面对地狱、人生的思索与内心挣扎,通过外在动作对心理活动进行深入的刻画,是世界雕塑殿堂的经典,用来表现哲学院的风格再贴切不过了。(见图4-15)

图 4-15　哥伦比亚大学的《思想者》

法学院巨型雕塑被很多游客误认为一群动物

的组合,但实际上这是现代雕塑大师利普舒兹的名作——《柏勒洛丰驯服飞马》(见图4-16)。这个故事出自古希腊神话,柏勒洛丰是古希腊神话中的英雄,曾驯服飞马珀伽索斯。利普舒兹认为,柏勒洛丰的故事反映了人类对自然世界的征服。他说:"人们观察自然,得出结论,从中我们制定规则,这就是法律的根源。"工学院大楼前是雕塑家康斯坦丁·麦尼埃创作的青铜雕塑《马特里尔》,表现了一位19世纪的铁匠在锻打金属,以此讴歌劳动者。这尊雕像很大程度上展现了工学院提倡的"匠人精神"。新闻学院门前是《美国独立宣言》起草人托马斯·杰斐逊的雕像。如此就不一一细数。

图 4-16　哥伦比亚大学的《柏勒洛丰驯服飞马》

2. 项目争议产生背景

下面要说的其实是哥伦比亚大学学生对一件作品的反对,即对校方在巴特勒图书馆外安放亨利·摩尔雕塑《侧卧的人》的反对。学生们提出了许多理由来激烈反对,如"无论其艺术价值,在巴特勒图书馆门前摆放这件雕塑会打破这一片清新、几何对称的景观。"其实哥伦比亚大学校园并非没有后现代的抽象雕塑,比如商学院门前的作品就出自澳大利亚艺术家克莱门特,采用了典型的质感转换手法。学生们据此又提出了新的反对观点:"并不是说所有的现代主义雕塑在大学没有立足之地,只是这件作品不适合在校园摆放。"

3. 值得吸取的教训

最后,围绕作品安放的争议虽然没有结果,但由此可以看到当代大学生其实并不一定比他们的前辈更接受现代艺术或后现代艺术。而且哥伦比亚大学的学生在美国以思想激进和敢于抗争出名。这一案例很准确地解释了大学校园公共艺术建设

特别容易引起争议甚至失败的原因。(见图4-17)

※ 图 4-17　引发争议的《侧卧的人》

华盛顿大学《思考的兔子》

》》》 1. 项目选址

华盛顿大学并不位于华盛顿特区,而是在美国西雅图,是一所创建于1861年的世界顶尖大学,与宾夕法尼亚大学和密歇根大学齐名,2018年英国《泰晤士报》世界大学排名第25位。

》》》 2. 项目背景与作者

出生于威尔士的艺术家巴里·弗拉纳甘(Barry Flanagan)惯于用高度拟人化的兔子作为主要表现形象,因为他认为兔子具有充沛的活力、灵性和运动天赋。如他自己所说:"如果你想通过人像来表达某种境况、意义或感受,你会发现表现范围要远远小于在动物上的同样投入,特别是像兔子这样带有人类表现属性的动物。举例来说,兔子的耳朵就能比一个斜着眼或做鬼脸的人像传达更多的东西。"他创作的以兔子为主的《左手鼓手》《铁砧尖上的尼金斯基》等都是世界闻名的作品。

》》》 3. 项目争议产生背景

2007年在艺术基金会资助下,巴里·弗拉纳甘的一件新作品《思考的兔子》被放置在美国华盛顿大学校园内,出现了后现代艺术和传统校园文化碰撞的新故事。在这件作品中,兔子一本正经地摆出《思想者》中的造型,显现出对罗丹经典的大胆颠覆,貌似严肃的形象和兔子在人们心目中较低的地位形成鲜明的反差,产生强烈的喜剧效果。(见图4-18)

※ 图 4-18　华盛顿大学内的兔子雕塑《思考的兔子》

华盛顿大学学生虽不像哥伦比亚大学学生那样激进,但也颇具批判精神。因此《思考的兔子》进入校园后,必不可少地引发了激烈的讨论。有些评价是克制的:虽然学校的吉祥物是熊,但兔子还是给人以耳目一新的效果,让人想起《爱丽丝漫游仙境》。还有些人直截了当地认为这是对在学校获取知识的人们的讽刺。甚至很多师生联名要求迁走这件作品。

》》》 4. 值得吸取的教训

最后经过一段时间的磨合,学生们逐渐接受了这件带有善意讽刺的作品,并且开始昵称它为"Nibbles"。甚至于有的学生还组织了一场运动,每年冬天为雕像编织一件毛衣并穿上,老生毕业后就会有新生接受这项任务。一件普通的公共艺术作品由激起争议,到弥合分歧,最后成为校园文化建设的重要部分,体现了一个社会学意义上校园公共艺术建设的成功范例。

4.3 大学校园与公共艺术结合的创新——纽卡斯尔大学等

纽卡斯尔大学《一代人》

>>>>> 1. 项目选址

纽卡斯尔大学（Newcastle University）位于英格兰东北部老工业城市纽卡斯尔，该校历史悠久，学术研究成果突出，是英国顶尖高校罗素大学集团成员。这一集团在英国高等教育领域地位等同于"美国常春藤联盟"，由 24 所英国一流研究型大学组成，于 1994 年成立。罗素大学集团名称的由来，是因为这 24 所院校的校长，每年春季固定在伦敦罗素广场旁的罗素饭店会商。这一联盟每年共获得全英大学 65％以上的科研经费和赞助资金。由此可见纽卡斯尔大学学术水平之高，尤以医学、科学及人文院系著称。（见图 4-19）

图 4-19　纽卡斯尔大学校园一角

>>>>> 2. 项目背景与作者

纽卡斯尔大学所在地纽卡斯尔支柱产业煤、钢已经衰落多年，年轻人外流现象明显，因此在英国振兴北部计划的资助下，通过《北方天使》等大型公共艺术作品聚拢人气，致力于将该地由重工业、高污染向低碳、清洁、高就业率的创意经济转型。大学校园虽然有其独立性，但不能独立于社会。因此2014 年，由英国 One North East 组织资助，雕塑家约瑟夫·希利尔（Joseph Hillier）操刀创作了雕塑

作品《一代人》安放在校园内。（见图 4-20 和图 4-21）

图 4-20　《一代人》夜景，过去和未来视角

图 4-21　《一代人》夜景，现在和未来视角

>>>>> 3. 作品形式与主题

《一代人》是由三个头像组成的系列公共艺术作品，第一个是黄铜头像，采用棱角分明的块面化处理方式，面目模糊；第二个采用传统的青铜铸造方式，手法写实；第三个采用了时下流行的镂空处理方式。三个头像在场地中面面相对，似乎在展开某种对话。作者并没有对创作意图做太多的解释，

因此艺术评论家做出很多种猜测。结合作者的起名,大致可以判断出三种不同的表现手法寓意着三个不同的代际,毕竟代际矛盾现在已经成为欧美社会主要矛盾之一。也有可能是代表大学生进入大学校园后由懵懂到清晰再到展望未来的三个阶段。这种并不完全明确的创作主题,也是作品引人关注、发人深思的主要原因,对于一件成功的公共艺术作品来说是绝对有必要的。(见图 4-22 至图 4-26)

※ 图 4-24 《一代人》里代表现在的雕像

※ 图 4-22 《一代人》昼间景象

※ 图 4-25 《一代人》里代表未来的雕像

※ 图 4-23 《一代人》里代表过去的雕像

4. 项目社会反响

如果从更宏观的视角来看,而不是从只局限于校园的角度来看,《一代人》只是纽卡斯尔繁荣的公共艺术建设的一个因子。经过以文化为先导的复兴计划和通过彩票为东北城区提供的专项资助,纽卡斯尔等地的经济状况逐渐改善。英国专门成立了为泰恩河两岸做营销工作的纽卡斯尔和盖茨黑德组织,其首席执行官内尔·拉米声称对艺术、文

※ 图 4-26 《一代人》里三件作品的对比

化、遗产和运动的投资已经创造了 2.4 万个工作岗位。目前据统计,纽卡斯尔地区 46% 的大学毕业生选择留在本地,高居英国城市的前几位,为地区

复兴提供了充足的人力资源。

5. 学习要点

从共性上来说,通过不同的表现方式,尽可能对应不同的年龄、性别群体,也就是放宽作品的指向性,其实是一种成功率比较高的创作手段。因为表现手法多样,不同偏好或背景的人群都可以从中找到自己喜欢的部分,就会提升对作品的认同度,提高作品成功的概率。再举一个例子,丹尼尔·布伦在法国王宫广场创作的《条纹柱》一开始遭到激烈的批评,认为破坏了这一法国历史文物古迹的文脉。但很重要的一点在于其适应性强,高度差能够满足人们多样化的休息需求,逐渐得到了人们的认可。所以,《一代人》这样的系列公共艺术手法,容易被思想活跃、审美取向多样化的大学生所接受,在今后高校校园公共艺术领域会有更广阔的应用空间。

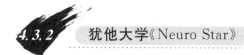

犹他大学《Neuro Star》

1. 项目选址

2012 年 4 月,在美国犹他州科技激励计划(USTAR)的资助下,208 000 平方英尺的詹姆斯·索兰森分子生物技术大楼在犹他大学盐湖城校区北部落成。该计划旨在资助先进的研究设施与团队,并推动其向商业转化。该大楼在设计中综合运用了多项新技术,包括大面积玻璃幕墙使自然光得以进入 75% 的室内空间;实验室和其他空间设计都采用高度灵活化和开放架构,能够有效促进高级、初级研究人员之间,科学家和行政人员之间的互动与交流;建筑获得美国绿色建筑标准(LEED)的金牌认证,设备能耗减少近 40%,包括多级蒸发冷却系统在内的可持续设备被广泛采用;广泛采用包括当地石材在内的可再生材料建造等。(见图 4-27和图 4-28)

2. 项目背景与作者

犹他大学(The University of Utah)历史悠久,是一所享誉世界的公立综合型大学,被卡耐基教育基金会归为特高研究型大学,其著名专业有计算机

※ 图 4-27 詹姆斯·索兰森分子生物技术大楼全景

※ 图 4-28 詹姆斯·索兰森分子生物技术大楼全景
　　　　　另一视角

科学、医学、法律等,近年来加大了在生物科学方面的投资。对这样一所立足科技前沿,综合运用建筑新技术,服务于科技精英的大学来说,主题契合和形式创新的公共艺术必不可少。来自洛杉矶的艺术家克里夫·加登(Cliff Garten)接受委托,为开敞的大堂设计公共艺术。

3. 作品形式与主题

克里夫·加登从分子生物科技的特征中寻求灵感,创作了以 12 个神经元球组成的作品《Neuro Star》。12 部分分为四种尺寸规格,直径从 2 英尺到 6 英尺不等,以符合变化与疏密等规律。细部观察,神经元特有的触手状轴突清晰可见,错综复杂,似乎不符合一般意义的形式法则,但如果在整个大

堂开放的空间中,在大面积玻璃幕墙的映衬下,还是相当契合的。(见图4-29至图4-32)

图 4-29　办公楼内部《Neuro Star》

图 4-30　俯瞰《Neuro Star》

与其他大堂装饰性公共艺术类似,作品采用了悬挂在顶棚的办法。作品本身采用全铝材质,具有自重轻、耐腐蚀等优点,还具有天然的银灰色科技外表。作品还内嵌全光谱 LED 光源,由程序自动

图 4-31　平视《Neuro Star》

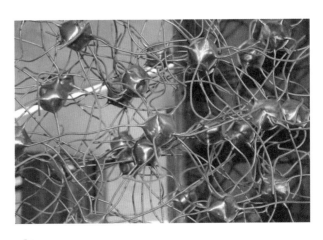

图 4-32　《Neuro Star》局部

控制改变颜色和亮度,符合 LEED 标准,光源色彩以暖色为多。(见图4-33和图4-34)

4. 项目社会反响

作品落成后,丰富的形式和鲜艳偏暖的色彩,成功地缓和了高科技建筑内部冰冷、理性的氛围,有力地促进了科研人员的身心健康,达到了技术与艺术协调发展的目的。

5. 学习要点

注重生态已经是当今世界范围公共艺术的主要特征之一,尽可能采用当地材料,注重能源自给,基本已经成为成功公共艺术的"必选条件",如何从一开始就选择正确的思路和挑选合适的材料,是任何公共艺术构思的起始。

图 4-33　仰视《Neuro Star》

图 4-34　《Neuro Star》夜景

4.4　大学校园与公共艺术结合的本土实践——厦门大学《芙蓉隧道》

近年来,我国教育部多次强调要"深刻认识高校校园文化建设的重要意义",并"扎实推进高校校园文化建设",其中很重要的一条举措就是:"在公共场所布置具有丰富内涵的雕塑、书画等文化作品,营造高尚健康的氛围。"由于中国大学校园雕塑设置地点的特殊性及受众身份的重要性,近年来屡屡遭到质疑,甚至成为舆论焦点的案例,在一定程度上影响了高等教育的形象,对中国高校校园文化建设产生了消极的影响,已经成为一个亟待解决的问题。如何在借鉴海外大学校园公共艺术建设成功经验的基础上,结合中国国情提出行之有效的解决办法,满足当代大学生日益多元化的审美需求,成为教育、艺术各界关注的焦点。

1. 项目选址

在这种情况下,由厦门大学学生自发创作,进而形成规模的"芙蓉隧道"项目开始引起全国学界的兴趣。厦门大学是我国重点大学之一,有着悠久的历史,本部位于厦门岛南端,校园内有芙蓉湖、情

人谷水库等著名景点,被誉为文艺气息浓厚的校园。由于校区多山,因此从 2005 年开始建设穿越狮山的《芙蓉隧道》,西起厦门大学校区芙蓉园学生食堂,东至厦门大学学生公寓门口,全长 1.01 千米,净宽 8 米,净高 4.5 米,主要供行人及非机动车辆通行。

2. 项目背景与作者

隧道建成之后,随着学生们的自发创作,隧道内的涂鸦逐渐多了起来,成为大学生表达艺术主题的渠道。其中主题、画风多样,体现出当代大学生杰出的才艺和对社会问题的深入关注。由于《芙蓉隧道》的自发性,因此更能得到年轻学子的认同,成为中国校园公共艺术的名片之一。

3. 作品形式与主题

对于厦门大学来说,也逐渐意识到这一文化名片对学校发展的正面意义。在招生宣传中"中国最文艺的隧道""中国最长的涂鸦隧道"等都成为吸引年轻学子报考厦门大学的口号。甚至于《芙蓉隧

道》本身也逐渐成为厦门市的重要景点,吸引着越来越多的游客观赏、考察。

4. 项目社会反响

虽然《芙蓉隧道》本身也面临着很多批评,而且这种模式本身也有着极强的独立性,不容易作为一种成功模式在其他高校复制。但从项目强烈的生命力以及日渐升高的知名度来说,无疑都是中国原创公共艺术在大学校园生根发芽,依靠内生动力,而不仅仅是外部理论注入或外部智力引入来获得发展的明证之一。(见图4-35)

5. 学习要点

《芙蓉隧道》的成功证明,大学校园公共艺术在很大程度上要坚持以大学生为创作和欣赏主体。秉承互联网精神,在保证主题健康向上的前提下,

大学生自主创作必将是中国高校校园公共艺术可取的发展方向之一。

❋ 图4-35 《芙蓉隧道》

4.5 延展阅读、开放性探讨和创意训练

延展阅读:二维公共艺术的厚度拉伸

在前面介绍纽约大学由法国艺术家让·阿尔普创作的作品时,典型的"推/拉工具"方式是对抽象的二维形态进行拉伸使之具有厚度并适合公共空间,是当代公共艺术设计方法中最具有代表性的一种。其形态变化主要来自外轮廓。通过拉伸二维图像创作公共艺术品是一种相对而言比较简单的方法。不论出身于造型还是设计专业,只要具有一定的美术基础,能够创作出一个优美的二维形式,就可以对其进行拉伸以得到厚度,进而形成三维体积。这一拉伸的幅度可以通过经验控制,但也有一定的规律。一般而言,拉伸的厚度不能小于图像最大宽度的1/13,否则就仍会被视为面而非体。颜色一般以鲜艳喷漆为多,也可处理钢材、石材表面以得到反光或肌理。关于透空的重要性已经在前面有所陈述。当然,拉伸二维图像得到的公共艺术品依然受到观赏角度的较大制约,因此应仔细根据环境选择和布置位置以确保正面观赏角度。

开放性探讨

话题1:你对类似于图森大学那样充分考虑与

学生互动的作品如何看?这样的作品引入整体气氛更为严肃,人流更为密集的中国大学校园是否会遇到"水土不服"的问题?

话题2:在哥伦比亚大学学生反对《侧卧的人》这一案例中,你作为一个中立观察者,更认同哪一方面的观点?这一案例的教训对中国校园公共艺术今后的建设有怎样的启示?

话题3:你是否认为《芙蓉隧道》的成功案例与福建沿海开放特色分不开?其经验能够在中国其他城市大学校园中成功复制吗?

创意训练

要求:借鉴世界范围内大学校园公共艺术设计经典案例,活用创意思维,紧密结合大学校园主要欣赏群体思维活跃、主题多元的特征,完成一件公共艺术概念设计作品,要求环境契合度高、主题意义突出、形式感优美、功能便利性强、图纸表达完整。

案例 针对大学校园环境的公共艺术设计——《校园座椅(Study & Rest)》

设计者:许北辰

指导教师：王鹤

设计周期：7周

介绍：设计者在挑选了校园环境作为公共艺术大作业主题后，专门对天津大学校园（卫津路老校区）进行了调研。在调研中发现由于校区历史悠久，部分空间存在消极因素，因此尝试利用艺术与设施的巧妙结合化解这一不足，为大学生提供更多兼具休闲、学习功能的艺术化设施，提升校园品位。

环境契合度：作者并没有挑选复杂的艺术造型形式，而是立足自己的调研结果，选择了看似简单平实的座椅形式。这样的座椅尺寸小，功能突出，可以放置在校园任意环境，活跃气氛，满足学生需求，与校园环境契合度很高。

主题意义：该方案的主题意义很单纯，这也是因为作者认为在进入社会走上真正的工作岗位之前，大学生活主要由休息和学习组成。因此通过提供丰富的功能和适宜的人体尺寸设计校园座椅，就是最好的公共艺术主题表达。

形式美感：座椅形式简朴，中间供人躺卧休息的凹陷处正好位于黄金分割处，美感较为突出，如果能融入生态材料考虑，或在色彩设计上考虑更多的技术细节，必将以更好的形式美感提升自身品位。

功能便利性：功能是该方案设计的主要出发点，作者通过不同面积的靠背设计，考虑到不同人数的使用需求和隐私，通过靠背上的学习桌面满足学习需求，中间的凹陷处可以提供躺卧休息功能。尽管在其他公众场合，躺卧似乎并不文明，但在学习紧张，人群同质化程度较高的大学校园，这一功能很普遍。大多数欧美校园公共艺术都有类似功能，广泛受到学生的欢迎。

图纸表达：方案整体图纸效果朴实无华，细节交代清楚，尺寸标注规范，总体上充分表达了设计的初衷，值得学习。（见图4-36）

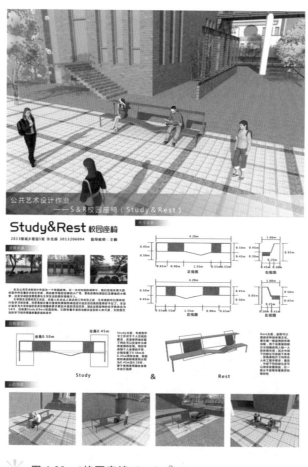

❋ 图4-36 《校园座椅（Study & Rest）》

第5章

滨水环境公共艺术精品案例赏析

BINSHUi HUANJING GONGGONG YISHU JINGPIN ANLI SHANGXI

水在人类社会生活中一直扮演着重要的角色，同时也是构成许多重要艺术形式的基本元素，比如我们熟悉的《四河喷泉》就采取水与雕塑一体化设计的方式。随着人们生活半径的增大，传统上结合水体的公共艺术已经由人工环境逐渐向自然环境发展，由淡水河岸或湖畔逐渐向海边发展，从更为巧妙的角度探索艺术与人、艺术与环境的关系。

滨水环境有这样一些特点需要注意：滨水环境首先与水体密切相关，包括了与水有关的历史要素、人文要素、经济要素。首先，在工商业视角下，河道和海洋是便捷快速的物流通道；其次，滨水环境又主要位于陆地，我们可以把滨水环境看作是水体与相邻陆地共同构成的空间。在这样的环境下进行公共艺术建设需要综合考虑水体与陆地的关系，深入表现其中一方面，特别是水体的特质。对滨水公共艺术的早期探索，始自克里斯托和史密斯的大地艺术。

5.1 滨水环境与公共艺术结合的典范——从《被围的群岛》到《风之梳》

传统上，滨水环境只有在特殊情况下才会成为艺术创作的主要环境。如古代爱琴海世界的罗德岛巨像，据称就跨越港口建造。美国的《自由女神》也可以被理解为位于滨水环境。总体来看，滨水环境带来的强烈的海风侵蚀等不利要素，影响了传统材料工艺雕塑作品的寿命。要想进一步发展滨水环境公共艺术，应当从设计理念上更好地利用滨水环境特征。

造陆运动是一个地质学术语，主要指地壳在长时期内沿垂直方向做反复升降的运动，低平的陆地与海洋多由此形成。这一术语用来比喻公共艺术中的一个特殊门类——以改变自然面貌为标志的大地艺术显然十分恰当。一系列这一领域的艺术探索拓展了滨水环境公共艺术设计的视野，奠定了基础。

移居巴黎，跨越门第之别，与法国陆军上校女儿让娜结合，共同走上了艺术创作之路。加瓦切夫·克里斯托早年起就表现出了将物体用某种材料加以包裹的兴趣和才能，他认为这样可以最大程度表现整体性和形体感。（见图5-1）

图 5-1 《包裹澳大利亚海岸》

1. 项目选址

《包裹澳大利亚海岸》和《被围的群岛》

1969年，艺术家克里斯托的早期作品——《包裹澳大利亚海岸》开创了滨水环境公共艺术这一新的领域。作品位于澳大利亚悉尼附近海岸。

2. 项目背景与作者

出生于保加利亚的加瓦切夫·克里斯托早年

3. 作品形式与主题

《包裹澳大利亚海岸》共使用了92 900平方米的银白色防腐布料和长达56千米的绳索，将原本锋利的岩石海岸变为朦胧美的集中体现之地。同样，加瓦切夫·克里斯托1980年至1983年的作品

《被围的群岛》则是其自然环境中包裹面积最大的作品之一,这件作品用粉红色的聚丙烯织物将佛罗里达大迈阿密比斯坎湾的几处岛礁完全包裹起来,总面积高达650万平方英尺,视觉效果令人称奇。(见图5-2)

※ 图5-2 《被围的群岛》

4. 项目社会反响

很显然,表达整体感是历史上无数艺术家的共同目标,但加瓦切夫·克里斯托选择了一条完全不同的表现道路。他积极运用现代化的材料工具,对整个工程做出详尽规划,其内容从环境的影响、成本到交通无所不包,缜密而庞大,这和以前艺术家单枪匹马,凭艺术的直觉与激情创作迥然不同。

5. 学习要点

行为艺术的过程不再是艺术家单枪匹马的奋战,而是各方面协调的结果。宏大构想的实施需要巨大的财力支持,因此艺术家必须有很强的商业运作能力,还需要求得政府职权部门的配合。

5.1.2 《风之梳》

1. 项目选址

大地艺术在处理作品与滨水环境关系方面有很多先决条件,首先是并不追求永久性,其次是由于公众很难走近作品,因此也不必考虑太多安全性的问题。因此,进一步综合考虑工程、艺术等因素,充分利用环境发挥自己风格最大表现力,当属1977年落成于圣塞巴斯蒂安的海边峭壁上的《风之梳》,《风之梳》享有世界级的知名度。

2. 项目背景与作者

这件作品是西班牙当代艺术家——奇达利的创举。奇达利的标志性艺术语言就是一种既有无机体的规整、精准,又有有机体随意舒展特征的结构。前面介绍的巴塞罗那考鲁公园悬挂于峭壁之上的作品就是他的创举。

3. 作品形式与主题

这件位于作者家乡的作品,主体为三个锻铁打造的结构体,或垂直立于海滨,或固定在峭壁上。弯曲的形体似乎是在与海风抗争,展现着生命的不屈不挠,令往来游客由衷地感到震撼。由于这一结构体的主要分支都向一个方向展开,因此其根部形态必然受限,并不适合全方位观看,这也是《风之梳》中这些结构体都固定于峭壁之上的原因。(见图5-3)

※ 图5-3 《风之梳》

4. 项目社会反响

需要看到,在那个年代,利用滨水环境的公共艺术建设促进旅游的想法和举措并不普遍,更多带有艺术家个人表现的主观意愿在里面。但是,由于滨水环境的复杂性,这一尝试并非一帆风顺,而是经历了很多的失败,并在不断的失败中逐渐提高成功率。

5. 学习要点

真正将滨水公共艺术创作这一举措发展到经济层面,产生出系统性的滨水公共艺术设置目的与效果评估,使之更为科学和高效,还是在21世纪初。

5.2 滨水环境与公共艺术结合的争议——英国《另一个地方》等

由于文化政策和经济需求(两者往往是密切相关的),英国成为近年来公共艺术取得巨大成就的国家,在很多领域都进行过有益的尝试。同时,由于英国作为岛国的固有属性,以及拥有大量得天独厚的海岸线,因此在发展滨水环境公共艺术方面有先天优势。因此从1997年开始,英国开展了一系列相关探索。这些探索形式各异,但共同点都在于针对滨水环境的特点,探索促进旅游和地区发展的路径,但是由于一系列原因,这些探索有得有失,有一些案例甚至被归为失败典型,各种原因值得深入思考。

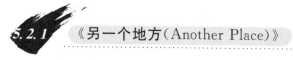

5.2.1 《另一个地方(Another Place)》

1. 项目选址

位于克罗斯比海滩的《另一个地方》是一个带有很大"自发"性质的案例。克罗斯比海滩位于默西河口岸2千米左右,沙滩上既有荒废的码头,也有住宅区。由于所在地属于由海洋进入默西河的重要"入口",因此地理位置很重要。附近南塞夫顿一家地方自治机构的开发署提出希望与利物浦双年展公司合作,以6万英镑的预算安排艺术家的作

品,吸引人们去海滩游览。这笔预算对于新建公共艺术来说远远不够,因此公司提出租借的计划,安东尼·葛姆雷的《另一个地方》刚刚在美术展中声名鹊起,这是一组由100个艺术家身体翻铸的雕像群。关于安东尼·葛姆雷以"身体美学"为核心的创作理念,在此不再赘述。(见图5-4)

2. 项目背景与作者

在英国的公共艺术建设中,有一个被称为"中间人"的团体发挥着重要的作用,这个团体包括英国西北开发机构、各地方市政委员会等政府机构;包括城市复兴公司等政府主导成立的实体,以及画廊、艺术经纪人等市场盈利实体。正是它们在法律空白之处的大胆探索,引领了英国公共艺术的快速发展。最早的成功滨水公共艺术是安东尼·葛姆雷的《另一个地方》,很大程度上就要归功于利物浦双年展主席路易斯·比格斯(Lewis Biggs)。

路易斯·比格斯很准确地定位了他的公司在英国公共艺术发展中的作用——"一个专门从事艺术、人与地区相关的艺术委托机构",既"是一家自主公司,也是一家注册的慈善机构"。著名的《倾转此地》就是该机构与理查德·威尔逊合作的项目,并取得空前成功。

❋ 图5-4 《另一个地方》

3. 作品形式与主题

与很多经典的公共艺术理论不同,路易斯·比格斯在实际操作中产生了很多疑惑,即公共艺术理论上应该是为所在社区紧密互动,但在很多情况下甚至没有明确的委托方。在滨水公共艺术建设中,由于周边往往并没有直接的社区居民,这一问题就显得格外突出。

安东尼·葛姆雷本人对这一滨水环境很满意,认为与自己作品的精神层面很接近,但方案又遭到了英国自然保护署的反对,认为这组作品对海滩和野兽动物造成了巨大的威胁。利物浦双年展公司克服重重困难,最终达成了作品在此地安放 18 个月的协议。100 个铸铁像,每个重 650 千克,星罗棋布,散落在近三千米的海滩上,并向大海延伸将近一公里。所有的雕像都面朝大海,随着潮汐涨落改变着露出水面的高度,带有一种难以言表的感动,甚至于悲怆。按照安东尼·葛姆雷的意图,海边是一个安放他作品的合适地点,在这种可以利用潮汐来探索人与自然的关系。在这种单纯的环境中,这种关系的重要性被高度放大。如他自己所言:"在这里没有英雄主义,没有理想主义,有的只是工业化复制的中年男子雕像面对海面上运送原料和工业品的繁忙船只,试图保持站立和呼吸。"(见图 5-5)

✳ 图 5-5 《另一个地方》局部

4. 项目社会反响

出乎所有人意料的是,当作品落成一段时间后,批评声逐渐消失了,人们开始欣赏到在这种单纯甚至荒凉的环境中,人体形象所具有的哲学与美

学意义。加之安东尼·葛姆雷在《北方天使》中累积的人气,游客们纷至沓来,极大带动了当地的经济。当地居民希望永久性保留这件作品,并提醒游客当地软质沙滩和潮汐快速变化会带来危险,因此应该在 50 米外的步道观赏。

5. 学习要点

《另一个地方》开创了英国滨水公共艺术的探索,并且取得了很大的成功,更是摸索出了新时代滨水公共艺术所应该具有的一系列特征:如与海洋现象有关、不遮挡视野、能够促进旅游和观光等,为后来者奠定了基础。

5.2.2 《现实的切片(Slice of Reality)》

1. 项目选址

2000 年,随着英国千禧年推进的建筑、艺术建设,艺术家理查德·威尔逊再次立足滨水环境,对一种对岛国很具有象征意义的物体——船只进行了"大手术",创作了著名的《现实的切片》。(见图 5-6 和图 5-7)

2. 项目背景与作者

英国当代艺术家理查德·威尔逊创作风格独特,他惯常以建筑、车辆、船只等工业品为元素,进行匪夷所思的切割、扭转,实现那些只能在梦幻中才可能出现的场景,因此被誉为建筑魔法师(或炼金术士)。他最知名的公共艺术作品即后面要介绍的《翻转此地》,在英国利物浦一座大楼上切下一个圆,并将其倾斜,还做出可以沿枢轴旋转的样子。在贝克斯希尔,他将一辆公交车固定在一个护栏上,使之既平衡又摇摇欲坠。总之,在他梦想般的世界观中,建筑可以无拘无束地扮演自己的角色,并尝试意想不到的壮举。

3. 作品形式与主题

在这一案例中,理查德·威尔逊将一艘退役的远洋挖沙船进行了垂直方向的切割,只保留中间部分,长度只有原来的 15%。这一剖切使原本人们看不到的部分——住舱、机舱等——呈现在观众面前,营造了一种奇幻的视觉体验。

4. 项目社会反响

作品就停靠在远离伦敦千年弯顶和格林尼治

※ 图 5-6 《现实的切片》

※ 图 5-7 《现实的切片》另一视角

半岛的泰晤士河岸边,涨潮时就停泊在水中,枯水时就矗立在河里露出的淤泥上,天气和潮汐都对它产生影响,这种影响也是作品的一部分,使它虽然日渐衰退,却保持了一种难以言表的魅力。

5. 学习要点

对现成品进行合理放大,属于现成品公共艺术创作手法,奥登伯格对此贡献巨大。在新的环境背景下,这一传统创作手法依然能够焕发出巨大的活力。

 5.2.3 失败案例之奥尔德堡《扇贝》

1. 项目选址

尽管有安东尼·葛姆雷和理查德·威尔逊两位巨擘在前,许多滨水公共艺术的基本元素也日益确定,但探索并不是一帆风顺的,有一些由于作者意图与当地居民期望之间的反差而成为失败作品。英国《卫报》评论家乔纳森·琼斯在《英国公共艺术最糟糕的 6 件作品》中毫不客气地指出:"这些毫不动人的雕塑作品污损了我们的城市,它们的悲剧在于其诞生毫无目的……以下 6 件我要点名批评的英国公共艺术中最糟糕的作品,显示出理想与现实有多么遥远的距离。"其中有两件是滨水公共艺术作品,个中原因值得深入探究。

2. 项目争议产生背景

2003 年,在英格兰东南部一个叫作奥尔德堡的小渔村,女艺术家玛吉·汉布林(Maggi Hambling)接受委托创作了《扇贝》(Scallop)。这是一件写实的,采用传统铸造工艺完成的作品,形式感无可挑剔,结构中心也很稳定。阳光还可以从有意为之的缝隙中穿过,洒落在沙滩上,体现出别具一格的设计感。而且最主要的是,扇贝作为一种海洋生物,出现在海滩上难道不是高度契合这种滨水环境吗?

但是,《扇贝》却遭到了有史以来最为激烈的批评。乔纳森·琼斯毫不留情地指出:"玛吉·汉布林的《扇贝》显得怪异又平庸。艺术家似乎竭尽全力想要展现诗意,结果却适得其反——还有什么比在海边安置一个贝壳更缺乏想象力?这件作品刚刚诞生时,便有居民抱怨说 它毁了海岸线风光。没错,我也这么觉得。"(见图 5-8)

评论家们的批评并不是空穴来风。在海边出

 图5-8 《扇贝》

现一个贝壳,非常合乎理性,却不是想象力的结果。另外,作品没有引入互动、照明等新颖的公共艺术设计元素,而是照搬了相对传统的雕塑手法。它甚至没有考虑到提供乘坐、避风等海边环境必不可少的功能。

3. 值得吸取的教训

事物都要从两个方面来看,玛吉·汉布林的创作风格从来也不是以令大家满意著称的,她的位于伦敦市中心的《王尔德像》也一样饱受抨击。另外,很多人都没有注意到将作品放置在此的意图。按作者的意图,作品是在向20世纪英国古典音乐代表人物之一——本杰明·布里顿(20世纪70年代英国音乐节的缔造者)致敬。本杰明·布里顿热爱奥尔德堡,在这里找到灵感,创作并演出了著名歌剧《彼得·格里姆斯》。但是很显然,这种联系比较牵强,非常小众,其实并不适应这种开放空间,又违背了许多形式美和公共艺术的基本规律,因此被归为失败之作也是必然的。

5.2.4 失败案例之泰因赛德《夫妇》

1. 项目选址

2007年,位于纽比金海岸线的一个防波堤上,由农村事务署和旺斯贝克市政委员会提供100万英镑资金,建成了大型公共艺术作品《夫妇》。作品全高12米,长18米,看上去似乎是选取了一对普通的英国夫妇加以表现。以普通人而非英雄、君主作为表现对象是当代公共艺术的主要题材之一。这对夫妇的雕像立在一个虚空的基座上,这种"框景"的手法也是包括印第安纳等艺术家广泛使用

的。他们摆出一副眺望大海的姿态。由于从海岸上,人们只能看到他们的背影,因此在陆地上还放置了一对缩小版,以供人们看清全貌。(见图5-9)

 图5-9 《夫妇》

2. 项目争议产生背景

尽管《夫妇》主题明确,放置位置上也充分考虑到滨水环境的特点,但同样遭到了抨击。乔纳森·琼斯指出:"如果要评选过去20年最白痴的雕塑,肖恩·亨利的作品《夫妇》必能夺魁。这对男女雕像显得枯燥、没品且愚笨,全然是一座丑陋的纪念碑。《夫妇》被安置在一个大而无当的脚手架上,仅仅为了确保它可以完全破坏周边环境。"

这种批评首先来自作者采取的手法。当然这种超级写实主义的手法或多或少受到了美国艺术家汉森的影响。但是从表现对象的趣味来看,很显然小强生的影响力更大一些。小强生的作品因为消解了严肃主题并走入公共空间,因此往往令公众产生亲切之感,再加之他在一些细节上添加的噱头,往往都能引发游客极大的参与兴趣。但关于小强生作品的争议从未平息,绝大多数的艺术界人士都认为他的作品不算艺术,而是媚俗。当然关于这种手法是艺术还是庸俗,目前的争议还未停歇。

另外,以真实人体为表现对象的作品,在尺寸上需要格外谨慎。因为过大的人体尺寸会令人产生畏惧,甚至具有神性,在宗教作品中运用较多。在当地,如果要放大尺寸,最理想的是像《北方天使》那样采用板材插接等手法,以消解大尺寸带来的压迫感和不适感。

3. 值得吸取的教训

综合来看,《夫妇》的失败有多方面的原因,既

有自身艺术表现力的问题,更有选择了错误尺寸的问题。这也提醒我们,滨水环境本身具有高度完整性,理想的作品可以为其锦上添花,但错误的作品就会显得尤为刺眼。

5.3 滨水环境与公共艺术结合的创新——新西兰《海洋之声》等

进入21世纪第二个十年,滨水环境公共艺术取得了新的进展,此处挑选几个有代表性的案例加以介绍。

《海洋之声(Sounds of Sea)》

1. 项目选址

新西兰奥克兰市拥有极佳的自然禀赋,但杰里科港本身却被码头、防波堤所环绕,缺少的是市民与海洋亲密接触的渠道。为此奥克兰市从同样拥有亲近自然传统的国家——芬兰聘请设计公司Aamu Song & Johan Olin创作促进市民与海洋互动的公共艺术装置。

2. 项目背景与作者

Aamu Song & Johan Olin涉足广泛,以家具和设施为主业,设计风格一贯重视自然。最后落成于新西兰南岛奥克兰市的杰里科港口的《Sounds of Sea》(海洋之声)就是近年来该公司在滨水环境公共艺术领域的代表作。

3. 作品形式与主题

Aamu Song & Johan Olin拿出的构思是9个类似于传声筒或风斗的设施。总体思路是将海洋的声音带到陆地,使公众在港口码头上也能亲近海洋。但具体设计要更为复杂和丰富。首先9个设施分为三种,大中小三三一组。最小的接近传统儿童玩具——纸盒电话的功能;中等尺寸的主要担负将海洋声音传到公众耳边的功能;最大的则是作为座椅设计的,可供孩童玩耍,也可供大人休息,座面也被刷成海洋的蓝色。设施本身的造型就与海洋文化有着千丝万缕的联系,传声筒是有线电话出现前,船长向其他部门发送命令的主要工具,许多影视作品中还可见到其形象。风斗则是位于甲板上的设施,担负向甲板下舱室送风的功能,在现代船舶上依然常见。所以说它们的造型取自现代通风管是不恰当的。设施本身是用新西兰当地的钢材,形态圆浑富于曲线,表面进行抛光喷漆处理以维持高度反光,在形式美感上合乎要求。(见图5-10和图5-11)

❋ 图 5-10 《海洋之声》成为孩子们嬉戏的乐园

❋ 图 5-11 《海洋之声》能够提供乘坐休息的功能

4. 项目社会反响

综合评价,《海洋之声》形式与原理并不复杂,相较于伦敦轨道塔等大项目,在造价与工程量上有天壤之别,但与滨海地形紧密契合,落成后广受公众的欢迎,充分达到设计初衷,性价比极高。

5. 学习要点

《海洋之声》的成功并不是大制作的结果,知名度也比较有限,科技含量并不高,但反映出一条小国建公共艺术追求的低投入、高产出,强调本地特色的路径。(见图 5-12 和图 5-13)

※ 图 5-12 《海洋之声》与海洋结合紧密

※ 图 5-13 这个角度可以看到《海洋之声》不同尺寸的听筒

5.3.2 英国《联盟》

1. 项目选址

在英国近年来的公共艺术繁荣中,卡迪夫市格外引人关注,其规划的整体性与风格之明确,甚至超越了伦敦、纽卡斯尔、利物浦等老牌城市,一跃为艺术领域的新锐力量。此处介绍一件能够代表 21 世纪第二个十年卡迪夫公共艺术建设最高水平的作品——《联盟》。(见图 5-14)

※ 图 5-14 卡迪夫远眺

2. 项目背景与作者

《联盟》有很多独一无二的特点。首先这一名称和作品的主题寓意来自英法两国在第二次世界大战后结成的联盟,具体机制包括北大西洋公约组织、欧洲联盟等,当然近年来英国脱欧闹得沸沸扬扬,因此这一美好寓意多少要打一些折扣。事实上,但凡了解历史的朋友就会知道,英法两国曾是不共戴天的世仇,百年战争、七年战争、拿破仑的崛起与覆灭无一不是例子。也正因为如此,两国能够尽弃前嫌,并通过一件带有永久性的公共艺术作品,就像已经过去的纪念碑一样,来见证两国的友谊,格外引人关注。《联盟》由法国著名雕塑家让·梅泰设计并主持建造。他以近年来在大型户外装置性艺术领域的突出成就而为人熟知,位于法国瓦朗西纳市的作品也出自他手。

3. 作品形式与主题

《联盟》通过这样几种方式来表示这种联盟。首先,作品的基本形态分别取自英法两国一件有代表性的公共艺术作品。英国这边取自伦敦中心的船坞,这是一个直径 20 米的圆环,横跨高速铁道,每当有列车经过,冲击的能量就会点亮环体周边的光源,在夜光下分外夺目,彰显着科技感。法国这一边则是 2008 年位于法国瓦朗西纳市的一座 47 米高的箭头或说圆柱状作品雕塑,直指天空,柱体上镂空雕刻了从 2000 多名居民那里收集来的上百条话语。因此将箭头和圆环组合而成就具有了联盟的寓意。当作品 2009 年落成时,法国前总理 Fillon 和英国前总理 Jone Major 剪彩更强化了这一寓意。(见图 5-15 和图 5-16)

※ 图 5-15 《联盟》夜景

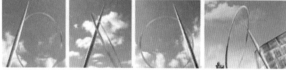

※ 图 5-16 《联盟》不同视角拼图

《联盟》本身的形式美学几乎是无可挑剔的。《联盟》位于英国卡迪夫市,作品由两个元素组成,圆环与地面几乎垂直,而箭头则高度倾斜,两者相互搭接,既稳定又充满动感。这正是奥登伯格在创

作中着力表现的"崩溃边缘的平衡",也就是鲁道夫·阿恩海姆指出的"不动之动"。

作品位于大卫港,因此与滨水环境不可避免发生关系。作者独辟蹊径,通过联动机制,令圆环中的含磷液体能够与近旁布里斯托尔海峡的潮汐同步起落,渔民看一下作品就能知道海水情况。这种联系结合了物理与人文要素,可谓紧密。

>>>>> 4. 项目社会反响

作品在落成之后广受社区公众和游客的欢迎,还因为作品采用了典型的能动公共艺术设计手法,成功地为周边环境带来活力。含磷液体可以在夜间发光,保证了作品昼间和夜间的稳定视觉效果。让·梅泰把这一创意称为"有机钟表",认为它起到了将地域与人们联系起来的功能。同时箭头上也没有改变镌刻传承地区文脉话语的传统。不过这一次是由威尔士本地诗人彼得·芬奇(Peter Finch)用英语和威尔士双语写就,文本内容反映了卡迪夫的历史与现状。诗句是镂空雕刻在箭头上的,通过内部光源投射到周边地面,集成了表皮镂空和内部照明等新颖手段。这都是近年来公共艺术领域广泛采用的新方式,具有诸多优点。(见图 5-17 至图 5-19)

※ 图 5-17 《联盟》局部

代表滨水公共艺术建设较高水平的作品。

※ 图5-18 《联盟》昼间远景

※ 图5-19 《联盟》近景

5. 学习要点

总体来看,《联盟》广泛使用公共艺术创新设计的方法,深深植根地区文脉,抓住滨水环境特点并利用设计手段和艺术形式加以强调,使其成为能够

5.3.3 澳大利亚悉尼海滨《我们在这里煎炒(we're frying out here)》

1. 项目选址

滨水公共艺术建设离不开水,但并不一定离不开水本身,甚至有些情况下,没有水介入设计的公共艺术,反而更能体现出滨水公共艺术的魅力。澳大利亚悉尼海滨2014年10月海边雕塑展上,由雕塑家Andrew Hankin完成的巨大平底煎锅就是最妙趣横生的一例。

2. 项目背景与作者

正像我们不能忘记奥登伯格那些绝妙的现成品创意很多来自他的夫人——荷兰作家、策展人布鲁根一样,《we're frying out here》也借助了来自文学或说语言领域的非视觉文本创意。因为作者Andrew Hankin不但具有艺术家的身份,还是全球最大的传播集团Ogilvy(奥美)的资深广告人,在制造媒体焦点、噱头方面驾轻就熟。环境的调研、满足公众游戏需求等基本要素并不复杂。现成品的对象已经经过工业设计,造型与施工问题很容易解决。《we're frying out here》的成功也再次证实了当代公共艺术作品普遍的跨学科属性。

3. 作品形式与主题

这件巨大作品名为《we're frying out here》,汉语直译为"我们在这里煎炒"。对于没有太多日光浴需求,也没有相关文化背景的中国人来说,这个主题可能不易理解。而对于大多数白种人来说,日光浴作为一种保持身体健康的基本休闲活动,在生活中占据着重要地位。但过度的日光浴也会有致病危险。因此,Andrew Hankin戏谑地将一个巨大的平底煎锅放在沙滩上,走入其中嬉戏的人们就成为锅中煎烤的对象。玩笑之后,适度晒日光浴的主题已经深入人心。(见图5-20至图5-22)

4. 项目社会反响

随着奥登伯格渐渐淡出,现成品这种从20世纪80年代以来风靡全球的公共艺术形式似乎已经逐渐边缘化。除了霍夫曼和他的《大黄鸭》(见图

5-23),更多的公共艺术作品开始注重参数化设计、最新的施工流程与壮观的视觉效果。但是《We're Frying Out Here》以最经典的现成品形式,结合特定的环境与语境,再次向世人展示了现成品在诠释主题方面的威力。(见图5-24)

✳ 图5-22 《我们在这里煎炒》受到人们广泛的欢迎

✳ 图5-20 《我们在这里煎炒》

✳ 图5-23 《大黄鸭》

✳ 图5-21 《我们在这里煎炒》与周边环境

》》》》 5. 学习要点

注重与满足公众游乐需求结合,是新时代滨水环境公共艺术的重要成功要素。

✳ 图5-24 《我们在这里煎炒》位于沙滩能够保证安全性和功能性

5.4　滨水环境与公共艺术结合的本土实践——成都《活水公园》的《流水形式》

》》》》》 1．项目选址

独特的地理位置与发展历史，养成了成都人一种既珍视自身传统，又不排斥外来文化，乐于接受新鲜事物的性格。因此，尽管成都地处中国腹地，但并不妨碍其吸引国际化人才，成为中国西部经济发展的龙头之一。雄厚的资金和海外智力的积极引进，也成就了成都公共艺术的蓬勃发展。活水公园的繁荣就是一个典型的成功案例。

》》》》》 2．项目背景与作者

从都江堰等古代水利设施的修建，四川就形成了发达的水利灌溉体系。发源于都江堰的府河和南河穿过成都市中心，自市西北都江堰地区岷江鱼嘴处分流而下，在成都市东南的合江亭处汇聚成为锦江（亦称府南河），也是成都的母亲河。不幸的是，在经济快速发展时期，由于排污增加，府南河遭遇严重污染，严重影响成都的形象。因此从 1993 年开始，市政府开始以治水为核心进行综合整治，并希望将休闲环境营造与河流治理合为一体。美国环境艺术家贝特西·达蒙女士在实地考察后提出了修建活水公园的意见。贝特西·达蒙女士在美国负有盛名，一直坚持艺术应该关注人类生存环境和资源可持续利用这种观点，多次来到中国，被国内学术界誉为"水的保卫者"。（见图 5-25）

贝特西·达蒙女士和中国园林艺术家沈允庆、邓乐共同开展设计，以"活水"的新概念为出发点，运用水生植物能吸收水体中的污染物和有害物质的生态学原理，把水质生物净化过程和公共艺术形式美学结合起来，成功打造人工湿地以及生物多样性的生态化滨河公园。其最重要的理念并不仅仅

❋ 图 5-25 《活水公园》鸟瞰

是再建自然，而是将公共艺术融于自然之中。园内最具代表性的公共艺术作品是《流水形式》。（见图 5-26）

❋ 图 5-26 《流水形式》设计充分利用了水的能动性

》》》》》 3．作品形式与主题

《流水形式》就面积而言，只占活水公园的很小

一部分,但在媒体上曝光率极高。其形式为大量叠加、组合的水池,形似莲花或两两相对的鱼尾。大量这种水池高低错落,借助重力蜿蜒而下,将经人工湿地系统处理后的河水引入公园,这样的过程模拟了大自然中宽窄不等的河床进行自然曝氧,改善了河水质量,可以进一步有效地净化水质。

这些水池千姿百态,其实并不奇怪,因为它们都是由艺术家经由传统泥塑方式完成的,虽然 20 世纪 90 年代末计算机辅助设计在国内已经开始采用,但这种匠心独具的方式更能让人体会几位主创者对自然的感受,也赋予了《流水形式》独特的形式美感。同时这一过程也打造了一个独特的亲水环境,为公众与游客亲近水体,感知自然提供了绝佳的途径。(见图 5-27 和图 5-28)

※ 图 5-28 《流水形式》完工后的效果

※ 图 5-27 雕塑家们在一起制作《流水形式》泥稿模型

》》》》 4. 项目社会反响

经过《流水形式》的氛围营造,加之后期完工的《一滴水》和《水的丰碑》等作品,成都活水公园成为成都市民休闲的好去处,活跃了城市氛围,优化了城市生态环境,即使放到今天,依然是国内滨水公共艺术最高水平的代表。

》》》》 5. 学习要点

滨水环境有其自身的完整性,好的作品可以为其添彩,反之,生硬嵌入的作品则会比广场或公园的同类作品更令人无法容忍。因此,滨水环境公共艺术论证、决策和设计格外要强调顺应而非改造环境。

5.5 延展阅读、开放性探讨和创意训练

》》》》 延展阅读:水景工程与公共艺术

水景工程总体上来说分为两大类:一是仿照天然水景形式的小瀑布、溪流、人工湖、泉涌等;二是利用现代喷泉设备进行人工造景,包括音乐喷泉、

程序控制喷泉、旱地喷泉、雾化喷泉等多种形式。两种水景工程虽复杂程度不同,但都包括土建池体、管道阀门系统、动力水泵系统和灯光照明系统等子系统。而现代公共艺术如何与水景工程结合,除了艺术和技术问题,还要提供一定的实际功能,特别是游乐、休息等。这就要在设计中考虑并妥善解决诸多材料、工艺等技术问题,以在展现美的同时实现可靠性与安全性,特别是要考虑水深和池壁高。

开放性探讨

话题1:你觉得滨水环境公共艺术最有可能遇到的失败诱因是什么?

话题2:《联盟》通过巧妙的设计建立了作品与潮水的互动机制。你能否再举出一个相关的例子呢?

话题3:中国的文化传统与自然条件都决定了中国滨水公共艺术应当有自己的风格。能否简单归纳和预测一下这种风格?

创意训练

要求:借鉴世界范围内滨水环境公共艺术设计的经典案例,活用创意思维,紧密结合滨水环境的特征,完成一件公共艺术概念设计作品,要求环境契合度高、主题意义突出、形式感优美、功能便利性强、图纸表达完整。

案例 针对滨水环境的公共艺术设计——《云水台》

设计者:张镇东

指导教师:王鹤

设计周期:7 周

介绍:该方案从水的特殊属性入手,以缓解都市人的紧张焦虑为目的,创建了七个高低不等的云水台,营造水的动感,又能与流水机制和优美的自然环境结合。形式美感与功能性均较强,基本达到了设计要求。

环境契合度:作品设置在海边,就近取水。色彩上与深色的岩石选取相近色系,保持着与环境的紧密联系,环境契合度较高。

主题意义:水在人类的自然与社会生活中一直扮演着重要的角色。作者也指出,现代社会节奏日益加快,紧张忙碌的学习生活让人们感到焦躁和压力。作者利用这一点,借助水的能动性与形式美感来缓解这一情绪,具有积极意义。

形式美感:作品很大程度上借助了构成美感,七个平台之间尺寸、比例非常恰当。波光粼粼的形式给人留下了深刻的印象。

功能便利性:虽然作者设想了治愈功能,但也许是由于时间仓促,在如何运用上还有诸多不完善之处,如何攀登,如何戏水,都没有明确交代,这是需要在今后进一步改进的地方。

图纸表达:表现上注重视觉冲击效果,选景优美,但细节上有待今后完善。(见图5-29)

图 5-29 《云水台》

第6章

建筑内外环境公共艺术精品案例赏析

JIANZHU NEIWAI HUANJING GONGGONG YISHU JINGPIN
ANLI SHANGXI

今天建筑与公共艺术的关系可以看作是建筑与装饰雕塑关系的延续。早在古希腊时期，建筑装饰浮雕就达到了极高水平，人们熟悉的现在收藏于大英博物馆的《马队》就是出自雅典卫城帕特农神庙内檐壁。在西方中世纪时期，建筑是雕塑发展的主要推动力，雕塑主要起装饰建筑的作用。就像黑格尔指出的那样："有些雕刻作品是本身独立的，有些雕刻作品是为点缀建筑空间服务的。前一种的环境只是由雕刻艺术本身所设置的一个地点，而后一种之中最重要的是雕刻和它所点缀的建筑物的关系，这个关系不仅决定着雕刻作品的形式，而且在绝大多数情况下还要决定它们的内容。"

6.1　建筑内外环境与雕塑艺术结合的经典——巴黎《马赛曲》等

19世纪是建筑内外环境与雕塑艺术结合的高峰，众多经典之作都诞生在这一时期，成为后世经典，其代表作就是巴黎的《旺多姆纪功柱》和《马赛曲》。

6.1.1　《旺多姆纪功柱》

纪念碑从来不是单纯的建筑雕塑，在胜利时是荣耀的象征，失败时则会成为报复的对象。如果说巴黎的哪座纪念碑最能用自己跌宕的命运诠释这一注脚，那非旺多姆广场的《旺多姆纪功柱》莫属。

出生于科西嘉的一代枭雄拿破仑，在大革命中脱颖而出，1793年全歼土伦的反法联军，1799年到1804年作为第一执政人统治法国，1804年成功在巴黎圣母院为自己加冕。随后，面对第三次反法同盟围攻，他展现了极高的军事天赋，于1805年12月2日取得了三皇两将参战的奥斯特里茨战役大捷，达到了自己军事生涯的辉煌顶峰，缴获的俄奥联军大炮总数达到了惊人的1200门。

作为注重通过纪念性艺术宣扬帝国威严与正统性的皇帝，拿破仑在思考用何种建筑形式纪念这场伟大胜利。在凯旋门之外，另一种古罗马时期的代表性纪念性建筑进入了拿破仑的视野，这就是《图拉真纪功柱》和《奥里略纪功柱》。纪功柱是古罗马帝国"五贤帝"时期兴起的建筑形式，特征是数十米高的柱体上环绕着一圈圈浮雕，纪实性地表现皇帝与军团出征的功绩。两柱至今在罗马保存完好。

1806年，拿破仑仿照《图拉真纪功柱》的形式，在旺多姆广场建起了气势恢宏的《旺多姆纪功柱》。柱高44米多，由90个石鼓组成，中央有阶梯。最有特色的是，浮雕饰带是青铜的，原料即来自法军俘获后融化的俄奥联军大炮。为了在浮雕饰带上翔实记载拿破仑的功绩，多达30名雕塑家参加了浮雕工程。柱顶端最初设想竖立查里曼大帝像，后来在法兰西研究院的建议下改为拿破仑的全身像。

《旺多姆纪功柱》建成后的经历颇为坎坷。柱顶安放的拿破仑雕像，在波旁王朝复辟后被毁掉并换为亨利四世雕像。1871年巴黎公社成员则将整个圆柱彻底推倒，1873年又得到第三共和国重建，拿破仑像也得到重塑。由此可见，人体形式的纪念性雕塑更多被视为纪念对象本人，将其熔化铸造新的形象意味着彻底的征服。这不单是极具象征意味的一种举措，也是赞助者心理上的胜利。（见图6-1至图6-5）

还有一点就是《旺多姆纪功柱》的浮雕一圈圈螺旋向上，除了底部几圈，人们想从地面上看清浮雕内容很困难，这是模仿古代作品却忽略其配套建筑环境造成的。《图拉真纪功柱》的浮雕饰带采取螺旋向上的形式，是因为其原本位于图拉真广场上拉丁图书馆和希腊图书馆之间的狭小空间中，人们可以通过图书馆的窗户观看浮雕。但是《旺多姆纪

图 6-1 广场上的《旺多姆纪功柱》

图 6-3 《旺多姆纪功柱》夜景

图 6-4 《旺多姆纪功柱》顶部的拿破仑像
（初始模型复原）

图 6-2 《旺多姆纪功柱》细节

功柱》则孤立在相对空旷的广场上，一定程度上影响了艺术效果的发挥。但不论怎样，作为 1000 多年后再次竖立在欧洲大地上的纪功柱，《旺多姆纪功柱》不但是一个工程技术上的奇迹，而且成为一种新的政治军事符号得到广泛效仿，追随者中最知名的当属俄罗斯的《亚历山大三世柱》，1829 年开工，1834 年落成于圣彼得堡冬宫广场。

图 6-5 《旺多姆纪功柱》底座（初始模型复原）

《马赛曲》

巴黎凯旋门上的浮雕中,当属法国浪漫主义雕塑家弗朗索瓦·吕德的《马赛曲》最为出色。人们往往有所不知,事实上受命担纲全部四面浮雕创作任务的只有弗朗索瓦·吕德一人。弗朗索瓦·吕德的构思本来富有连贯性,四个场景的表现对象分别是1792年义勇军出发、战斗以及对和平的期盼。

征集方案的首相梯也尔(马克思在著作中对这位首相进行过犀利的批判)一开始为了尽可能争取民心,决定以法国人民而不是法国国王的名义表现法国大革命,因此才会选择弗朗索瓦·吕德。不过他的这种态度虚伪,并有保留,因此将后三面浮雕转给其他艺术家来完成,从而在总体性和艺术性上都有所逊色。

最后,弗朗索瓦·吕德只在1836年完成了第一面浮雕《1792年义勇军出发》。由于人们对法国义勇军反击普鲁士军时所唱的军歌(即后来又成为法兰西共和国国歌的《马赛曲》)十分熟悉,因此也经常称这面浮雕为《马赛曲》。

《马赛曲》采用高浮雕形式,画面上方是代表着自由和正义的胜利女神,正展开双翼,手持利剑怒指前方,振臂高呼战士们奋勇向前,身后以无数旗尖、长矛象征千军万马,有如钢铁洪流,摧枯拉朽势不可挡。这一胜利女神形象是弗朗索瓦·吕德对古希腊和古罗马类似女神形象的继承发扬,完全可以与同时期浪漫主义画家德拉克洛瓦《自由引导人民》(见图6-6)中不朽的女性形象相比。

由于纪念对象是一个成千上万人的集体,因此作者必然选择最具有代表性的人物形象。弗朗索瓦·吕德以年龄差别入手,最左侧弯腰拉弓的战士是青年,构图正中是壮年和少年,在他们身后是一位老者。作者不但对少年、青年、壮年和老年四个年龄段的人物考虑得很周全,而且还通过表现壮年和少年之间类似父子的亲情使构图具有了生生不息的更深层次内涵。

总体而言,《马赛曲》实现了浪漫主义雕塑的极高成就,以其特有的激情塑造感染着不同国家、各个民族的观众。(见图6-7和图6-8)

※ 图6-6 《自由引导人民》

※ 图6-7 《马赛曲》

✳ 图 6-8 巴黎雄狮凯旋门（右侧为《马赛曲》）

6.2 建筑内外环境与公共艺术结合的典范——科隆《掉落的甜筒》等

进入 21 世纪后，随着公共艺术在形式和材料工艺上的一系列创新，公共艺术与建筑的关系更是发生了天翻地覆的变化。艺术家往往不再寻求传统的依托建筑方式，成为建筑的陪衬，而是独辟蹊径，艺术家不再拘泥于占据建筑物内部空间或内外墙，而是开创了一种悬挂于建筑物顶棚这样全新的公共艺术设置方式。在观众看来，这样的公共艺术品宛如从天而降，具有别样的新鲜感与视觉冲击力。这些艺术品都在探索公共艺术与新时代现代风格建筑融合的新观念、新路径，并为后来者提供了宝贵的启示。

6.2.1 科隆《掉落的甜筒》

>>>>>> **1. 项目选址**

2000 年，奥登伯格与布鲁根接到来自德国城

市科隆的委托，但与以往不同，这一次的委托不是来自市政机构，而是由一家名为 Neumarkt 的画廊委托。考虑到科隆悠久的历史，以及所在基地拥挤的现状，奥登伯格决定将作品选址在购物中心的顶端，也就是成为建筑的一部分。

>>>>>> **2. 项目背景与作者**

在进一步的调查中，奥登伯格等人发现这座城市的天际线布满锥形屋顶的教堂，它们都带有哥特式风格，其中占据统治地位的是科隆大教堂。这无疑是一种值得借鉴的形象元素。另外，在寻求文脉的过程中，奥登伯格发现这片街区在地图上是由一些五颜六色的锥形标示，它们代表着在这一地区十分受欢迎的冰激凌店。这时，奥登伯格已经决定选用蛋卷冰激凌作为主题加以表现了。事实上，英文甜筒"cone"本义为"锥"，而且就藏在科隆名字"Cologne"中。（见图 6-9 至图 6-11）

※ 图6-9 瑞典裔艺术家奥登伯格

※ 图6-10 《掉落的甜筒》与周边的环境

3. 作品形式与主题

经过策划大师布鲁根的包装，这一掉落在屋顶还微微向前倾斜的甜筒公共艺术，成为"消费主义的聚宝盆"和"一种转瞬即逝的象征"，而得到认可。在具体创作过程中，又通过长时间的黏土创作推敲以及颜色选择，来与真正的教堂尖顶和冰激凌广告区别开，赋予作品一种"建筑的品格"。

4. 项目社会反响

在德国这样一个民族风格相对保守的国家，《掉落的甜筒》这样大胆戏谑的作品经过精心设计，最终取得了极大成功，成为科隆这一街区的文化象征，体现出现成品公共艺术旺盛的生命力。（见图6-12至图6-15）

※ 图6-12 《掉落的甜筒》视角1

5. 学习要点

选择鲜活而有生命力的现成品，结合对城市文明与特色建筑形象的模仿，成功达到活跃环境，提升城市形象，繁荣旅游业的社会目的。

※ 图6-11 《掉落的甜筒》近景

图 6-13 《掉落的甜筒》视角 2

图 6-14 《掉落的甜筒》视角 3

图 6-15 《掉落的甜筒》与街景

6.2.2 利物浦《翻转此地》

1. 项目选址

2008 年落成于利物浦的《翻转此地》是 21 世纪第一个 10 年中完成的最令人印象深刻的公共艺术作品之一。

从维多利亚时期起,利物浦就是英国最负盛名的港口,但是随着传统工业的衰败,利物浦出现了城市空心化、失业率攀升的迹象,由此带来许多街道空无一人的凋敝景象。在全英国"以文化为先导的城市复兴"大背景下,利物浦不甘心于似乎已经注定的衰落命运,于是成立了英国第一个城市复兴公司——利物浦视觉。该公司力求通过足球、流行音乐、戏剧等文化艺术项目重振利物浦活力,实现城市的文化创意转型。这其中的核心就是 40 件左右的公共空间艺术作品。(见图 6-16 和图 6-17)

2. 项目背景与作者

英国的城市更新运动由政府主导,但是高度放权,大量依靠自负盈亏的公司和市民合作组织去推进具体建设,政府部门主要通过资金扶持和政策制定予以支持。在利物浦公共空间艺术的发展中,利物浦双年展公司正是这样一家活跃于文化创意领域的慈善机构。它们首先面对的是一条近乎无人居住的街道,街道上最具代表性的是一座 20 世纪 60 年代兴建的毫无特色的办公楼,现已无人管理。

※ 图6-16 有"建筑魔术师"之称的理查德·威尔逊

※ 图6-17 《翻转此地》与所在利物浦街景

尽管公共艺术的标准流程是征求社区居民意见,进行长期的沟通和互动,但是在这里,策划者找不到居民。就像利物浦双年展公司主席路易斯·比格斯所说的:"以当时的局面来说,这个项目可以被描述成'空降'作品,这个词通常用来形容公共艺术中的'不良实践'——也就是在公众不需要或者没有征求他们同意的前提下'空降'的艺术品。那么,谁是公众呢?无论如何我们没法找一些过路客来商

谈,甚至经由法律程序也不行。"在政府机构,包括历史悠久的艺术赞助机构——英国艺术委员会办公室、注重支持英国北部经济振兴的西北开发机构以及北方之路计划的资金支持下,利物浦双年展公司大胆开始实践,他们请来了当时初露头角的艺术家理查德·威尔逊。

》》》》》 3. 作品形式与主题

理查德·威尔逊一向以其对建筑、工业品结构的大胆颠覆被誉为建筑魔法师(或炼金术士)。在贝克斯希尔,他将一辆公交车固定在一个护栏上,使之既平衡又摇摇欲坠。在格林尼治半岛他创作了《现实的切片》,将一艘挖沙船从15%处截断,并将这一切片停靠在远离伦敦千年穹顶和格林尼治半岛的泰晤士河岸边。总之,在他梦想般的世界观中,建筑可以无拘无束地扮演自己的角色,并尝试意想不到的壮举。

理查德·威尔逊从20世纪末就有一个构想,即从建筑上切下一片,并使之旋转。因此得到利物浦双年展公司的邀请后,他开始将这一计划付诸实施,地点就选在那座荒废的办公楼。在一个包括了承包商、建筑结构工程师、机械师在内的团队的协助下,他们在大楼三、四层的位置切下了一个8米长、6米宽的椭圆状墙面,并将其固定在一个轴上,每分钟旋转2次。沉重的旋转机构被螺栓固定在三层楼板上以保证其安全性。由于旋转角度的关系,在某个特定节点,这个椭圆状墙面会和该办公楼表面呈90°,就好像该办公楼正在将其内部从里面翻转出来一样。(见图6-18至图6-22)

※ 图6-18 《翻转此地》状态1

❋ 图 6-19　《翻转此地》状态 2

❋ 图 6-20　《翻转此地》状态 3

❋ 图 6-21　《翻转此地》状态 4

❭❭❭❭❭❭ 4. 项目社会反响

　　这是一个足以令传统艺术家目瞪口呆的大胆甚至疯狂的实践，却意外得到了世界范围内青年人和艺术爱好者的追捧。甚至在作品揭幕前四天的测试阶段，就有路人用手机拍下视频上传到 YouTube 上，短短几天点击率就上升到 30 多万，体现出在移动互联和微媒体时代艺术的传播特征。更多的游客纷至沓来，这一作品也由此成为利物浦向文化创意城市转型的先锋号，市中心已经出现人口的增长，更多经济时代的新工作岗位正在提供。艺

❋ 图 6-22　将作品不同时间的状态并列，
　　　　　可见其运动轨迹

术的力量确实超出了很多人最乐观的想象。（见图6-23 和图 6-24）

图 6-23 支撑《翻转此地》转动的内部结构

图 6-24 《翻转此地》是一场建筑"魔术"

6.3 建筑内外环境与公共艺术结合的创新——丹麦《你的彩虹全景》等

进入 21 世纪第 2 个 10 年后，随着科技的飞速发展和人们对人体工程学认识的不断加深，建筑内外环境公共艺术在形式、主题和功能上都有了更多的变化，越来越多传统上微观世界的形式，被用于现实世界的艺术表现中，建筑使用者群体的身心健康得到了越来越多的关注，更引人注目的是这一系列公共艺术的设计越来越多地依赖于"犀牛"软件这样的数字化设计手段，甚至于很多环节不依赖人的介入，由此造就了愈发奇伟的形式。这里侧重通过四个案例加以诠释。

6.3.1 《Out of Strong Came Forth Sweetness》

>>>>> 1. 项目选址

位于伦敦的 Angel 大厦是为高科技企业提供办公空间的现代化大厦，其设计中有一个为内部空间提供采光的巨大中庭，作为休息讨论区。但如何活跃这一空间，使人们愿意在此休息、交流，减轻环境压力，提高工作效率，就需要契合空间形态与人

文氛围的高水平公共艺术。英国艺术家伊恩·麦克切斯尼接受了这一委托。（见图6-25）

图 6-25 Angel 大厦外景

>>>>> 2. 项目背景与作者

伊恩·麦克切斯尼以富于创意、手法不拘一格著称。这一次他从这一高差很大的空间形态中寻得灵感，通过滴落一滴黏度很大的蜜糖来产生基本

形态。这就形成了一个底部为椭圆形,逐渐向上越发细长的倒纺锤形,总长 22 米,营造出壮观而奇幻的视觉感受。(见图 6-26 至图 6-28)

❋ 图 6-26　作品尺寸与中庭面积契合很理想

❋ 图 6-27　作品与中庭空间的关系

❋ 图 6-28　《Out of Strong Came Forth Sweetness》落成后成为人们休息的中心

>>>>> **3. 作品形式与主题**

如果仅是如此,那么这件作品与其他建筑中庭内的公共艺术没有太多不同,事实上,两个独到之处值得重点研究。一是作品尽管在很多中文媒体中命名为“一滴黏稠的糖”等,其实这可能是没有弄清作品原名《Out of Strong Came Forth Sweetness》的结果。(见图 6-29 和图 6-30)

❋ 图 6-29　作品的灵感来源

Out of Strong Came Forth Sweetness 其实是《圣经·旧约·士师记》中的一个金句。当然这又要介绍《圣经·旧约·士师记》的由来。汉译的“士师”主要是以色列建立君主国家之前的临时性军事首领。其中很著名的一位就是参孙,关于他有神力又被达丽拉诱惑的故事,因其寓意深刻广为人知。

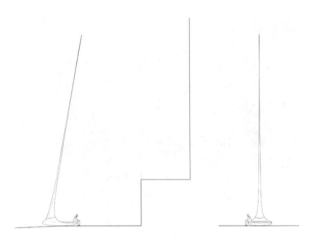

※ 图6-30 作品设计图1

他讲过一句谜语：Out of the eater came forth meat，and out of the strong came forth sweetness。对这一谜语的译文五花八门。但如果考虑到谜底"有什么比蜜更甜呢？有什么比狮子更强大呢？"似乎译为"食者从肉出，强者从甜出"更为妥切。也就是说，伊恩·麦克切斯尼其实是借用了圣经金句，强化了蜜糖黏性这一物理现象。这也提醒我们在研究当代欧美公共艺术精品时，要注意从文化高度去分析其内在的意义。（见图6-31至图6-33）

※ 图6-32 仰视角度看作品与中庭空间的关系

※ 图6-31 作品设计图2

※ 图6-33 仰视作品顶端

　　另一点需要注意的是，作品为了实现22米的落差，又要保持极高的表面加工精度，又要具有高强度。有必要在材料与加工工艺上下功夫。最后伊恩·麦克切斯尼采用的是传统上用于制造一级方程式赛车主体结构的碳纤维。当然，碳纤维其实是材料与其加工工艺的总称。其加工工艺与人们熟悉的玻璃钢非常类似，都是纤维与树脂结合，固化后具有高强度。但两种纤维物理性质迥异，碳纤维是由碳元素构成的无机纤维，力学性质优异，密度低,轴向强度和模量高,且不易产生蠕变,耐疲劳性好,热膨胀系数小,耐腐蚀性好。而玻璃纤维是废旧玻璃经过高溶制、拉丝等工艺形成的,吸水性差、耐热性高,但强度远逊于碳纤维。不过碳纤维的优异性能与高昂造价联系在一起。至于具体工艺,则不外模压法、手糊压层法、真空袋热压法、缠绕成型法、技拉成型法等。碳纤维材料的高强度对于《Out of Strong Came Forth Sweetness》独特的造型有很重要的意义。相比之下极高的加工精度才是作品具有视觉效果的关键所在。(见图6-34)

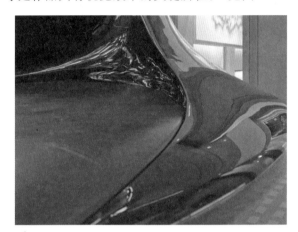

❋ 图6-34　碳纤维材料带给作品高强度与光滑的肌理

4. 项目社会反响

作者巧妙借用圣经金句,诠释作品的形式逻辑。奇伟的形式又反过来使故事深入年轻一代人的心里,成功实现作品的社会意义。同时,作品独特的可坐、可卧的设计,使原本冷冰了无生气的中庭,成为人们愿意聚集交谈的场所,达到了缓解紧张情绪,提高工作效率的设计初衷。

5. 学习要点

古老历史与现代科技交融于一体。形式创新的不懈努力始终服务于寻求文化共鸣的高远目标。这是很多优秀欧美公共艺术带给我们最深切的启示。

6.3.2 《你的彩虹全景(Your Rainbow Panorama)》

1. 项目选址

从2011年5月27日开始,丹麦阿罗斯·奥胡

斯美术馆(ARoS Aarhus Kuntsmuseum)屋顶诞生了自21世纪第2个10年以来最引人注目的建筑外环境公共艺术作品——《你的彩虹全景》。(见图6-35)

❋ 图6-35　《你的彩虹全景》夜景

2. 项目背景与作者

作者是1967年出生,近年来以生态和跨界公共艺术大胆实践著称的丹麦年轻一代艺术家奥拉维尔·埃利亚松。奥拉维尔·埃利亚松在谈到《你的彩虹全景》创作理念时,很清晰地阐释了他对这种大型建筑外环境公共艺术与城市的关系:"《你的彩虹全景》建立起了一次与现存建筑的对话,同时还巩固了那些已经存在的东西,换句话说就是这个城市的全景。我创造了一个几乎已经去除了内部与外部之间界限的空间——这是一个你不太能确定的地方,你无法肯定你是跨入了一件艺术品内,还是跨入了美术馆的一部分。这种不确定对我来说十分重要,因为它能够鼓励人们跨越习惯的限制去思考和感受。"

3. 作品形式与主题

《你的彩虹全景》从形式上可以看作一条150米长、3米宽、直径长达52米的独立环形走廊,全部由玻璃和钢制造。作品具有令人震撼的视觉效果,如同作者的设计思路,既要有彩虹的形式还要有彩虹的色彩。圆环的玻璃层之间夹有彩色滤纸,可有效反射出彩虹的所有色彩,即适用于外面的观众,满足大众媒体时代摄影传播的需求,又给内部游客造成了极为独特的感受,他们看到的城市仿佛蒙上了一层彩虹般变化多彩的色彩。更有特点的

是，由于色彩的鲜明，不论是廊道内的游客还是城市中的公众，都可以将作品作为一种指南针或定位标志，明确自己的方位与所在区域，使作品、人和城市建立牢固的联系。（见图 6-36 和图 6-37）

❋ 图 6-36 《你的彩虹全景》的步行效果

❋ 图 6-37 《你的彩虹全景》远眺

《你的彩虹全景》用 12 根支柱支撑，和建筑保持有 3.5 米的间隙，既有视觉考虑（使作品看上去仿佛"漂浮"在美术馆屋顶上方，宛如一圈色彩缤纷的光环），也有实际考虑（这个 3.5 米层高的空间用木材围合后可用作咖啡馆和娱乐区，丰富了使用功能，充分满足游客多样化的需求）。（见图 6-38）

4. 项目社会反响

不同于近年来一些临时性或展览性质的公共艺术作品，《你的彩虹全景》是一件永久的公共艺术品，位于如此之高的建筑顶端并要承受海港城市的海风与盐雾侵袭，因此在材料与工艺上精益求精。从 2006 年起，整条走廊花费将近 5 年时间建成。

❋ 图 6-38 《你的彩虹全景》环绕的里面的环境

总用钢量达 200 吨，玻璃用量达 60 吨，利用钢构件牢固设置在建筑屋顶。圆形走道本身由承重中度层压玻璃制成，具有隔音、隔热、防紫外线的性能，同时参观的人数被限制在 290 人。甚至于美术馆建筑本身为了适应作品也进行了加强。为了达到这样的性能，付出的代价是较高的建造成本，总计 6000 万丹麦克朗，约合 7400 万元人民币。高昂的成本带来的是响亮的城市名片与当地人强烈的地域认同，因此是近年来建筑外环境公共艺术建设成功之作。

5. 学习要点

《你的彩虹全景》体现出了新时代建筑外环境公共艺术重点关注人的体验与心理感受的特征。游客漫步在宛如彩虹奇妙色彩的廊道中，可以从全景视角浏览这个海港城市的美景。

6.3.3 米兰大教堂《蓝色蜗牛》

当代公共艺术与建筑的结合并不仅限于现代建筑，新颖的设计方法与朴素的设计理念同样可以很好地与传统建筑相结合。位于意大利米兰市的米兰大教堂规模宏伟，是世界五大教堂之一。和欧洲大多数著名教堂一样，其建设历时多个世纪。就是这样一座历史感沉重的宗教建筑，从 2012 年 10 月 8 日开始，开始遍布蓝色蜗牛，产生富于视觉冲击力的奇幻视觉场景。（见图 6-39）

这些奇特的蜗牛是一场艺术展览活动的产物，

❈ 图6-39 米兰大教堂的《蓝色蜗牛》

临时性布置因此不会伤害历史建筑本身。这些蜗牛销售获得的资金都将用于米兰大教堂的维护。这些作品出自一个近年来崛起的新锐团队Cracking Art Group之手。这个团队一致贯彻简单而乐观的设计理念，以各种新色彩鲜艳的动物模型为主要元素，以可循环材料制成，引导人们从新的视角认识这些公共空间并关注社会问题。具体到尺寸和制作工艺，这些蜗牛每个长120厘米，宽55厘米，高87厘米，重13公斤，以可再生塑料制成。它们的攀爬为古老的建筑带来了新的活力，吸引了年轻一代关注的目光，同时临时性的布置又没有损坏建筑本身。相对于法国对王宫广场等地的永久性公共艺术改造，这似乎是一条较少舆论冲突、较低社会成本、较可控风险的举措。（见图6-40）

❈ 图6-40 《蓝色蜗牛》另一视角

6.3.4 《螺旋桨滑流（Slipstream）》

⟩⟩⟩⟩⟩ 1. 项目选址

当伦敦希思罗机场二号航站楼工程负责方宣布将在航站楼内部建设超大型公共艺术《螺旋桨滑流》的消息后，舆论界掀起了轩然大波。因为在过去的十几年间，以《北方天使》的成功为肇始，英国超大型公共艺术建设的风潮愈演愈烈，固然有苏格兰《马形水鬼》这样的成功之作，但耗资巨大的伦敦《轨道塔》毁誉参半，由西斯维克设计的《爆炸的一瞬》因为形式与工艺问题彻底失败。英国公众对在经济不景气环境下投巨资建设超大型公共艺术品的合理性与效费比质疑声越来越大，整个产业链正处于何去何从的十字关口……

⟩⟩⟩⟩⟩ 2. 项目背景与作者

就在这一敏感时刻，《螺旋桨滑流》作为最新的英伦超大型公共艺术代表作，于2014年6月在英国伦敦希思罗机场二号航站楼亮相，作者是理查德·威尔逊。该作品依托四根间隔18米的航站楼立柱悬挑布置于室内空间，全长超过70米，气势恢宏、形式新颖，具有强烈的视觉冲击力。落成后预计每年将有两千万人经过该雕塑，势必产生极大的社会影响力。（见图6-41和图6-42）

❈ 图6-41 《螺旋桨滑流》全景十分壮观

⟩⟩⟩⟩⟩ 3. 作品形式与主题

为了与所在环境的航站楼文化属性吻合，理查德·威尔逊的灵感出发点主要围绕飞行与旅行展开，其设计团队依托先进软件技术，以一架Zivko Edge 540特技飞机为模型，将其在空间特技飞行

※ 图 6-42 《螺旋桨滑流》的形式生成逻辑说明图

的激动人心的轨迹固化下来,从而形成最终的三维形态,体现着一种令人过目难忘的未来视觉观感。如理查德·威尔逊所言:"这件作品是一个关于旅行的隐喻,也是一件基于时间的作品。在时空中运动的作品从过去来到现在,在每一段都带来与众不同的经历。作品的每一处起伏都带给我们速度、加速和减速的感觉。"(见图 6-43 和图 6-44)

※ 图 6-44 《螺旋桨滑流》在设计上以不妨碍交通流线为要务

等比例的覆盖胶合板的木质骨架,在上面覆盖经过半抛光处理的铝材并进行冷锻造。然后将雕塑分解为 23 个部分分运至伦敦,利用夜间运过机场跑道进行最终的组合安装。(见图 6-45 和图 6-46)

※ 图 6-43 软件生成的《螺旋桨滑流》数字模型,可以发现最初设计的头部更类似机头形态

作为当前欧洲最大的公共艺术品,《螺旋桨滑流》在材料和工艺上强调"跨界",即利用飞机制造领域的材料工艺来进行艺术品加工。由于作品悬挑于室内,自重必须轻,作者及团队选用了比重轻、耐腐蚀的铝为基本材料。表面密集的铆钉显示其采用了历史悠久的铆接工艺。之所以没有选用焊接,是因为铝合金焊接条件极为苛刻,一旦焊接方法及工艺参数选取不当,就会造成严重的缺陷。相比之下,铆接在连接铝合金薄板方面技术成熟,可以减少事故发生的概率。不足在于表面密集排列的铆钉显得作品平整度不高。厂商先制作了一个

※ 图 6-45 仔细观察可以发现《螺旋桨滑流》表面由于大量铆钉而显得平整度不高

※ 图 6-46 完成的《螺旋桨滑流》分段部分,还可见到内部的胎架模型

4. 项目社会反响

《螺旋桨滑流》的成功并非偶然，作者及团队充分认识到超大型公共艺术在形式和工艺上的高度风险，在《螺旋桨滑流》的造型上力求最大公约数，甚至可以说中规中矩，外媒甚至用 Well-behaved（原意为乖巧）来加以形容。同时，在大型作品建设中针对资金运用的质疑也没有出现，首先总共 250 万英镑的资金相对于 110 亿英镑的机场改建工程总预算来说微不足道；其次用于《螺旋桨滑流》的这笔资金原本用于机场园林绿化和改造中庭，因此实际上并未多支出资金。

5. 学习要点

综合来看，凭借形式探索、螺旋桨项目管理、资本运用、风险控制等方面的创新，《螺旋桨滑流》成功改善了《爆炸的一瞬》拆除之后充满怀疑的公众舆论环境，成为艺术魅力可与《北方天使》比肩的巅峰之作，其建设经验值得借鉴之处颇多。

6.4 建筑内外环境与公共艺术结合的本土实践——成都《I Am Here》

1. 项目选址

近年来，成都在中国公共艺术领域的异军突起令人惊奇，除了前面提到过的"太古里项目"和《活水公园》外，在建筑内外环境领域，由著名艺术家劳伦斯·爱勋创作的《I Am Here》取得了极大的成功，得到广泛的关注。

熊猫是深受世界人民喜爱的动物。中国是世界上熊猫的唯一故乡，而中国野生大熊猫 80% 也都分布在四川省境内。世界最大的两大熊猫保护基地——成都的大熊猫繁育研究基地和卧龙的中国大熊猫保护研究中心，都在成都市区邻近处，熊猫自然成为成都当之无愧的城市名片。（见图 6-47）

❋ 图 6-47 《I Am Here》全景

2. 项目背景与作者

劳伦斯·爱勋出生于英国，成长于澳洲，居美国丹佛（2017 年去世）。其创作于美国丹佛设计中心的《I See What You Mean》，即著名的《蓝熊》和美国萨克拉门托国际机场的《Leap》（红兔）都深受世界人民的欢迎。其作品风格游走于高雅艺术与大众艺术之间，但其作品最大的特征是幽默，注重深入所在环境的文化根基和当地观众的内心世界。

3. 作品形式与主题

对于《I Am Here》，劳伦斯·爱勋在设计感言中这样解释："The panda declares its presence and gives the art installation social meaning for thought，hence making ourselves think about our presence and reflecting on thought-provoking social significance." 劳伦斯·爱勋阐述了他创作的出发点和寄予这一作品的寓意：熊猫艺术不仅宣示着它的存在，而且赋予艺术装置社会的主题，从而促进我们更多思考自身存在的社会意义。

根据所选择的基地，成都国际金融中心 IFS，《I Am Here》的尺寸应当是相当大的。事实上完工后重达 13 吨、身高 15 米。作品与建筑物楼顶边缘结合在一起，形成一只大熊猫正在爬墙的视觉感，产生了独具一格的诙谐效果。作品本身采用了标准的钢铁框架和不锈钢表皮锻造工艺。但作品的设计过程却很独特，甚至于也有一些幽默的味道。人们第一眼看到《I Am Here》或《蓝熊》时，都会注意到其表皮由上千块三角形平面组成，酷似三维建模的结构。但实际上，劳伦斯·爱勋采用的是标准的泥塑法造型，只是巧妙地模仿了建模的肌理效果。（见图6-48和图6-49）

❋ 图6-49　劳伦斯·爱勋与泥塑模型合影

❋ 图6-48　《I Am Here》近景

>>>>>> **4. 项目社会反响**

《I Am Here》的存在打破了所处商业中心地区严肃庞大的商业世界与公众的对立，既以熊猫的视角表现了"我在这里"，也让公众思考自身的存在，更让公众对城市发展繁荣进行反思，提醒人们不要忘记在商业发展的同时，关爱像熊猫一样与我们同在一个地球的珍贵生灵。

>>>>>> **5. 学习要点**

近年来，成都市将熊猫作为成都国际化城市营销战略的形象品牌，成功塑造城市形象。邀请具有国际知名度的艺术家创作大型熊猫主题公共艺术，无疑是一条"显性"的城市营销之路，能够带来广泛的创意产业投资和旅游方面的收益，这已经被英国等国的成功所验证，也能够为全国的其他城市所借鉴和学习。

6.5　延展阅读、开放性探讨和创意训练

>>>>>> **延展阅读：建筑公共艺术的
数字化设计技术**

以 Rhino 等软件的大规模普及为代表，建筑内外环境公共艺术的设计及加工过程数字化程度日益提高。这一趋势越来越显著有多方面的原因。首先数字化技术能够有效提升设计的空间想象力，这在希斯罗机场《螺旋桨滑流》的设计过程中体现

得十分清晰,理查德·威尔逊作为一位传统意义上的艺术家,摸索了多种"数字化"之外的造型手段,都未能达到理想的要求,最后依靠数字化技术完成任务。这并不是说数字化设计辅助手段能够代替艺术家的创意思维与经验,但数字化手段使得作品在处理与建筑内部空间关系上更为游刃有余,避免空间浪费,避免形体与建筑的冲突。同时,数字化手段还有助于绿色技术的采用,提升作品的生态属性,并且直接转入更精确的加工过程,节省了大量的时间和财力。

>>>>>> 开放性探讨

话题1:从古代社会延续至今的建筑装饰雕塑艺术传统能够为今天的建筑内外环境公共艺术带来怎样的启迪?

话题2:你认为在现代公共艺术中,现代科技与古老历史是否存在不可调和的矛盾?

话题3:你认为中国城市在建设建筑内外环境公共艺术中特别需要注意哪些因素?

>>>>>> 创意训练

要求:借鉴世界范围内建筑内外环境公共艺术设计的经典案例,活用创意思维,紧密结合所选择的建筑内外环境的特征,完成一件公共艺术概念设计,要求环境契合度高、主题意义突出、形式感优美、功能便利性强、图纸表达完整。

案例　监狱围墙艺术化改造

设计者:徐源

指导教师:王鹤

设计周期:7周

介绍:该方案的设计意图是当代中国城市扩张加快,监狱等以往是位于人迹罕至的郊外的功能建筑,现在被社区、学校包围,但监狱的特点阻碍了与社区的交流。作者希望利用像素化公共艺术,实现监狱围墙内外的互动,表达特定主题,兼顾形式美感和社会功能,取得良好的效果。

环境契合度:9分。作者选择以往少有人涉足的监狱等特定功能的建筑入手,具有互动性,充分发挥像素化公共艺术适合结合建筑环境的特点,环境契合度很高。

主题意义:8分。方案具有深刻的人文关怀,促进社区融合,在个体改造中能够发挥社会的作用,具有非同一般的意义。不过也需要结合相应的管理制度或统一控制装置,以免用来传输不必要的信息,在英国《插接板》(人体复印机)的案例中已经显露无遗。这是方案深化中需要进一步加以改进的。

形式美感:8分。像素化公共艺术的形式美感比较可控,只要基本规律运用得当形式美感都比较突出。同时方案色彩鲜艳,与环境融合度较高。

功能便利性:7分。像素化公共艺术可以作为一种高效的信息传递手段,而且使用起来没有明显的种族、教育、性别等制约,这已经在俄罗斯Miller啤酒广告中显露出来,成为一种不同于传统乘坐休息的新功能。

图纸表达:9分。排版风格独树一帜,对主题与意图阐述清晰,细节处理艺术性强,信息标注完整。(见图6-50和图6-51)

※ 图 6-50　监狱围墙改造方案 1

※ 图 6-51　监狱围墙改造方案 2

第7章

地铁空间环境公共艺术精品案例赏析

DITIE KONGJIAN HUANJING GONGGONG YISHU JINGPIN
ANLI SHANGXI

对公共艺术建设来说,地铁空间是一种特殊的环境类型。自工业革命以来,伴随着欧美城市工业化的快速发展,大量人口密度高的城市开始出现,由于很多城市在初始规划设计时并没有考虑到如此之大的人口密度,因此交通堵塞开始成为大问题。也正因为此,在工业革命的发源地——英国伦敦诞生了人类历史上第一条地铁线路,即 1863 年开通的伦敦大都会铁路。发展到今天,大多数经济发达的大城市都已建成四通八达的地铁网络,为缓解地面空间不足和发展城市经济做出了巨大的贡献。当然由于位于地下,施工条件复杂,还要与地下水、塌方等事故进行斗争,近年来盾构技术代替

开挖成为地铁建设主流,往往需要付出 10 亿元人民币一公里的建设造价。

随着地铁在提高交通效率方面的重要性越来越高,一些弊端也日渐凸现出来。主要表现在地铁站作为一种完全封闭的人造空间,人无法通过参照物和自然光来判断方向与时间,而且在人流密集的密闭空间,人们容易出现压抑与紧张的心理,降低了地铁使用者的体验。因此,科学人体工程学理论体系逐渐得到确认,欧美很多国家开始探索利用公共艺术建设缓解这一问题。比较典型的早期探索包括以美国为代表的雕塑艺术倾向和以瑞典为代表的室内设计倾向。

7.1 地铁空间环境与公共艺术结合的美国经验——纽约地铁站《地下生活》

1. 项目选址

美国艺术家汤姆·奥特尼斯(Tom Otterness)在美国纽约地铁站第 14 大街和第 8 大道交口站台设计的公共艺术《地下生活》(Life Underground)是美国地铁公共艺术建设最具代表性的早期作品,该作品体现了美国公共艺术依靠百分比政策和较高的雕塑艺术水平的特点。

2. 项目背景与作者

汤姆·奥特尼斯 1952 年生于美国堪萨斯,早年毕业于纽约艺术学校,后来参加惠特尼美国艺术博物馆的独立研究项目,并逐渐成为艺术节的活跃分子。汤姆·奥特尼斯最早是从在商店出售自己制作的小型青铜作品开始职业生涯,后来逐渐进入公共艺术领域,其作品广泛分布在各大城市公园、地铁等公众场所。就具体风格而言,汤姆·奥特尼斯擅长偏于卡通化和可爱的形象,特别是在表现动物时,普遍膨胀、肥胖,这已成为他的标志性风格。这种风格同样清晰体现在《地下生活》里。

3. 作品形式与主题

《地下生活》是一组包含了多达上百个人物、动

物的大型系列作品,这些青铜铸造的小人大多仅为 25 厘米高,以与地铁站有限的空间相配合。其中最大也最知名的一组作品,即"下水道鳄鱼",表现了从下水道窜出的鳄鱼咬住一个不幸的小人,这件作品很容易被简单理解为利用出其不意来制造幽默效果。但如果仔细观察,会发现鳄鱼与被咬的小人,以及在旁边袖手旁观的小人都穿西服打领带,小人看似圆浑的头部其实是一个钱袋。显然作者是在影射金融世界,特别是华尔街所谓精英的尔虞我诈与相互倾轧。经过 2008 年美国金融危机,特别是美国五大投资银行之一的雷曼兄弟公司倒闭事件,这件作品的讽刺意义更显突出。当然,其深意只有同样洞悉金钱魔力以及放任资本弊端的成年人才能体会,但儿童同样能为幽默滑稽的外表所打动。(见图 7-1 和图 7-2)

在《地下生活》系列中,许多作品在批判现实方面比《下水道鳄鱼》具有更大的力度。比如一件作品表现了在一个栅栏下,试图逃票的丈夫刚刚爬过就被警察发现,而他的妻子还在另一侧等着。还有一件表现了一名无家可归者正在酣睡,而警察已经从后面悄悄盯上了他。场景固定在这一刻,人物造型极为诙谐,但是故事却令人心酸。显然,汤姆·

※ 图7-1 汤姆·奥特尼斯与他的作品

※ 图7-2 《地下生活》系列之一《下水道鳄鱼》

奥特尼斯通过作品批判了纽约,甚至批判了美国贫富差距较大、两极分化的现实。(见图7-3和图7-4)

※ 图7-3 《地下生活》系列之二

※ 图7-4 《地下生活》系列之三

《地下生活》中相当大的篇幅都在讽刺金钱在商业社会中的作用。图7-5中的作品表现了一个肥硕庞大的戴礼帽大亨踩在成堆的硬币上,在与一个小人交易,可能是在给小人可怜的一枚硬币,也可能是在夺取小人仅有的一枚硬币。作者通过作品批判了放任资本使贫者更贫,富者更富的现实。

※ 图7-5 《地下生活》系列之四

一件在媒体上出镜率颇高的作品表现了一个小人坐在长椅上,静静等待火车的到来。他紧紧抱着钱袋的动作显然讽刺了金钱对人性的扭曲。这一作品表现了人性中贪婪、吝啬的一面膨胀的事实。和这个小人一样,汤姆·奥特尼斯塑造的很多形象都有一颗圆鼓鼓的钱袋脑袋,汤姆·奥特尼斯自言这一造型是受到19世纪著名政治漫画家托马斯·纳斯特(Tonas Nast)塑造的"特威德老大"这一形象的启发。著名艺术评论家奥林匹亚·兰伯特(Olympia Lambert)则指出:汤姆·奥特尼斯的作品其实包含了犯罪与无政府状态的主题。但他又认为,由于汤姆·奥特尼斯表现的人物太可爱,从而削弱了这一批判性主题。实际上,正是这种含蓄与反讽,使汤姆·奥特尼斯作品的批判力度变得更大。(见图7-6)

✳ 图7-6 《地下生活》系列之五

4. 项目社会反响

这件作品是在纽约交通管理局的艺术计划支持下实现的,用了第14大街和第8大道交口站台重建预算的1%。但是汤姆·奥特尼斯过于痴迷这一项目,以至于创作了比原定数量多4倍的作品。大部分作品创作完毕后,于1996年在纽约中央公园展出并获得公众的认可,于2000年年底开始陆续安装。至全部安装完毕,距立项已经过去整整10年。作品落成之后,深受公众与游客的喜爱,得以成为美国地铁公共艺术的杰出代表,也是"百分比计划"的成就之一。

5. 学习要点

作品体现出了典型的美式幽默的特点,同时对狭窄地铁空间的契合体现出了很高的关注度。作品大多位于人们能够看到、接触到,却不会阻碍人们交通流线的地方,如楼梯转角、护栏下、楼梯下等。

7.2 地铁空间环境与公共艺术结合的瑞典经验——以斯德哥尔摩地铁站为例

1. 项目选址

瑞典是经济发达的北欧国家,其首都斯德哥尔摩第一条地铁线路开通于1950年,至今已有100个车站,线路总长110.3公里。尽管城市人流量并不是很大,但城市所在纬度较高,日照时间短,冬季白雪时间长,斯德哥尔摩地铁自1950年开通以来,一直高度注重利用艺术美化环境,缓解乘车者和游客的焦虑心理。

2. 项目背景与作者

1955年,两名瑞典艺术家向斯德哥尔摩议会提交了用艺术装点地铁的议案,并得到议会很多党派的赞成。自此,艺术家便成了地铁建设团队的有机组成部分。有历史记录的第一份艺术作品是由维拉·尼尔森和西里·德尔克特两位艺术家于1957年完成的。

3. 作品形式与主题

瑞典斯德哥尔摩地铁艺术在设计中秉承简洁、人性化的北欧设计风格,广泛深入开展调研和研究工作,针对地下空间的封闭性、人员的流动性和方位感的缺失等特点,重点开展建筑墙面和柱体美化、顶棚装饰、地面铺装、色彩和材质专项运用以及标识设施与艺术设施完善。并且紧随时代潮流变化,从20世纪50年代重点放在东方文化想象到60

年代的反战与和平主题、70年代的自然和生活主题、80年代的时尚主题、90年代的科技主题,再到21世纪注重艺术、科技和功能结合,取得巨大成功,被誉为"地下艺术长廊"。如此深入的研究程度和如此大手笔且延续时间长的投资力度,在瑞典国内尚无先例。(见图7-7和图7-8)

❊ 图7-7　斯德哥尔摩地铁内部设计1

❊ 图7-8　斯德哥尔摩地铁内部设计2

斯德哥尔摩地铁的许多车站保留着原始的天然岩层和石料挖掘的痕迹,使人仿佛置身岩洞,得以在高度工业化的都市地下空间体会到自然的质朴。同时利用不同色彩为主色调,形成每个车站的特定风格,如盐穴般的蓝白色、熔岩般的火红色,令人印象深刻。秉承北欧设计风格,墙面上大量采用色彩拼贴镶嵌,根据严格的形式美法则,产生富于规律性和节奏性的视觉效果。大量的圆雕、浮雕的布置摆放也形成了视觉焦点,平添车站的文化传承功能。地面的铺装也注意与顶棚色彩结合,同时还

带有一定的标识设施功能。(见图7-9)

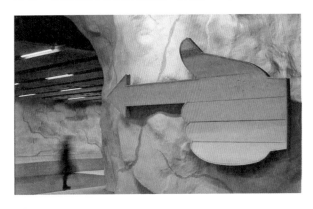

❊ 图7-9　斯德哥尔摩地铁内部的标识牌

⟫⟫⟫⟫ 4. 项目社会反响

尽管斯德哥尔摩地铁站历史悠久并形成了鲜明风格,但随着世界范围内公共艺术向新媒体、新技术领域探索的同时,瑞典艺术家和地铁管理部门也没有放慢脚步。早在2004年开始,瑞典艺术家就已经改变传统上以静态画面和雕刻装点地铁站的习惯,转而以艺术影片等互动媒体形式传达艺术观点,得到年轻人高度的认同。更有趣的是在Odenplan站,该站引进了由德国大众公司开发的"钢琴键盘楼梯"。楼梯本身被刷成像键盘一样的黑白两色,且踏步下安装了压力传感器,压力传感器与扬声器相连,人们每走一节楼梯,就相当于按下一个琴键,扬声器就会播放出相应的音调。不但年轻人和孩子乐于踩在上面体验"自创"音乐的快乐。就连步履匆匆的中年人也乐于放弃近在咫尺的电梯,转而走在上面,起到了引导人们锻炼和节能的目的,"钢琴键盘楼梯"受到人们广泛的欢迎。

⟫⟫⟫⟫ 5. 学习要点

瑞典地铁公共艺术的成功有很多经验,比如设施设计功能完整;座椅等注重和环境融为一体;应急出口等设施出于功能需求,和环境在色彩与形态上形成强烈反差。色彩设计上总体注重大面积、醒目等要点,尽力消除地铁封闭地下空间的压抑感。

7.3 地铁空间环境与公共艺术结合的创新——日本北海道地铁站等

此处归纳了亚洲、欧洲近年来最富有代表性的几个地铁公共艺术建设案例，类型全面，有助于我们认识地铁公共艺术的最新发展现状。

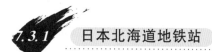

7.3.1 日本北海道地铁站

日本地铁公共艺术与美国和瑞典的做法都有很大不同，应当说以北海道和东京为代表的日本地铁艺术，很好地延续了以往在雕塑公园和步行街公共艺术建设中行之有效的做法，通过公开征集、评审、公示来征得公众最大公约数的认同。既注意国际风格的采纳借鉴，又不忘本土文化的传承；既注重老一代艺术家和国际知名艺术家的分量，又注意培养新人；既注重艺术独创性，又保持着对商业文化的包容。总体来看，日本地铁公共艺术建设比较注重平衡，可能缺少具有国际知名度的大型作品，但整体水平比较高。

1）北海道札幌《妙梦》

北海道虽然是日本列岛中开发较晚的区域，但札幌等城市的公共艺术发展却很快。在著名的JR塔项目中，主办方通过委托、邀请和公开征集的办法，获得了1031件针对该地铁站的公共艺术品方案，经过由公共艺术策展人等组成的评审委员会审核，最终有28件作品入选，从2002年开始陈列和展出。作品分为艺术作品、广告、座椅和公共标识四大类，分布在地铁站各处。

在雕塑类型的入选作品中，日本本土艺术家安田侃的《妙梦》很具有代表性。安田侃出生于北海道美呗市，在其长期的创作中形成了以青铜和大理石为主要材料，关注禅宗思想和生命本源的创作风格。《妙梦》应当不是他为这一项目专门创作的作品，因为六本木商业区也有一件形态基本相同的作品，但并非森大厦株式会社和朝日电视台推进的项目。只不过地上的那件作品是黑色大理石，而地下

空间的这一件则是白色大理石，以缓解人们在这一封闭地下空间的紧张情绪。这件作品从本质上属于极简主义，中间的开洞带有门的属性，放在地铁入口并不遮挡交通流线，反而提供一种朦胧的遮挡，起到类似传统建筑中影壁墙的作用。同时开洞还可以提供简单的座椅功能。流畅的曲线和微妙的块面转折是地下空间人造物中所难以看见的，因此提供了一种难得的人文关怀，引发人们对现实和梦境的思考。（见图7-10）

❋ 图7-10 《妙梦》

2）北海道札幌《北海道群像（Images Of Hokkaido）》

《妙梦》可以看作是传统雕塑塑型手法和现代公共艺术创作理念的糅合，体现了老一代大师对潮流的追赶与对传统的坚守。相比之下，札幌市中央区的另一件作品《北海道群像》则前卫得多，这件类似于浮雕的作品由札幌当地艺术团体——札幌设计事业协同组合为北海道新闻社创作。作者在有限的空间里，巧妙地利用了二维剪影这种典型的公共艺术创作手法，运用PVC板材和树脂镜面为基本材料，营造出既重复又富于韵律的群像组合。按照作者的意图，是希望展现出北海道人民积极、团结、向上的面貌，同时也展现新闻传播给受众的特

点,算得上是一件形式新颖、立意传统的作品。(见图7-11)

3)《旅人的残像(Legs-Afterimage of a Traveler)》

作为平衡的结果,日本的公共艺术项目往往会包含各种风格、形式的艺术品,因此与《妙梦》这样的传统作品和《北海道群像》这样的浮雕作品并存的,必然会有抽象甚至偏于构成的作品。由1962年出生的日本年青一代雕塑家浅见和司创作的不锈钢喷漆作品《旅人的残像》,很诙谐地突出了旅客行走的双腿,并进行了近似建筑化的立体处理,喷涂醒目的大红色,直白、幽默,很适合布置在地下空间。当然这种手法本身多少可以寻见美国艺术家夏皮罗的影子。(见图7-12)

7.3.2 日本东京地铁站

2000年年底全线开通的东京地铁都营大江户线贯穿东京新旧两区,全长40.7公里,共38个站,是21世纪日本具有代表性的大型市政建设项目之一。其配套的公共艺术建设也具有规模大、档次高的特点,共有44件公共艺术作品。

1)东京筑地市场站

都营大江户线公共艺术有两大特点:一是注重挖掘日本江户时期的历史与文化元素;二是大量运用浮雕。能够将这两大特点结合起来的,当属日本国宝级浮世绘大师片冈球子所做的大型浮世绘陶板壁画——《国贞改三代丰国》《浮世绘师胜川春章》。片冈球子出生于北海道札幌市,一生痴迷浮

※ 图7-12 《旅人的残像(Legs-Afterimage of a Traveler)》

世绘创作,直至103岁去世,其作品忠实继承了日本浮世绘传统,生动再现江户时期市民文化生活百态,人物造型逼真,细节富于张力,为富于现代气息的筑地市场站带来浓厚的传统韵味,体现着地铁空间作为文化传承阵地的重要作用。(见图7-13)

※ 图7-13 《国贞改三代丰国》

2)东京饭田桥站

都营大江户线饭田桥站位置独特,毗邻著名的东京都立小石川后乐园,这座庭院面积约7万平方米,曾

经是水户德川家的庭园。其名"后乐"来自我国北宋著名文学家、政治家范仲淹所作《岳阳楼记》中的名句"先天下之忧而忧，后天下之乐而乐"。庭院环境优雅，是东京都内赏梅、赏樱和观赏红叶的名所。

基于这样特殊的地域特点，建筑师渡边诚在饭田桥站设计中大胆寻求自然感，探索利用现代材料塑造绿色植物的新方法。大量绿色条状照明灯具如藤蔓般攀爬，棚顶是合掌式的，立柱散发绿色的荧光，整座地铁站富于大自然的曼妙气息。这是一种近似斯德哥尔摩地铁站的整体化设计手法，但结合新技术、新材料又有了全新的演进和升华。（见图 7-14）

图 7-14　东京饭田桥站的设计

7.3.3　意大利那不勒斯大学地铁站

地铁空间公共艺术是一个开放的领域，不仅只有雕塑家、画家、建筑师、室内设计师再次发挥才华，诸多其他领域艺术家也纷纷介入，形成一种学科交叉的新局面。

1. 项目选址

意大利南部城市那不勒斯有着悠久的历史，但并不故步自封，而是不断容纳前卫艺术的新观念、新语言。在那不勒斯大学地铁站改扩建中，那不勒斯市政当局就邀请了一位工业设计师凯瑞姆·瑞希担纲，塑造了地铁公共艺术领域的独特案例。

2. 项目背景与作者

凯瑞姆·瑞希 1960 年生于埃及开罗，在美国

开创工业设计事业，引领了普拉达等国际知名奢侈品牌的流行风格，对世界现代设计美学与消费潮流引领都有较大的贡献。这一次，作为一个外国人和一个新生代艺术家，他并没有局限于此地悠久的人文历史和传统的艺术形式，而是抓住数字时代、科技进步等概念，综合运用新颖的视觉语言，打造了一座高科技感十足的地铁站。（见图 7-15 和图 7-16）

图 7-15　那不勒斯大学地铁站一角 1

图 7-16　那不勒斯大学地铁站一角 2

3. 作品形式与主题

凯瑞姆·瑞希所使用的具体手法包括构成化的几何图形、数字、微观世界结构，以求能够为不同文化背景旅客所快速接受。举例来说，最引人注目的是地铁站的顶棚，完全是高度构成化的五边形，呈模数化规整分布，五边形相交的缝隙中是中性明亮的照明光源，加之反光度极高的地面铺装反射，形成了一种犹如未来世界般的观感。同时，立柱则一反选用白色的传统，进行了黑色的雕塑化处理，

形成了醒目的视觉观感。

与天花板、立柱、地面铺装等配套的是被称为《Synposis》立体雕塑,设计者安排的这座雕塑采用了当今公共艺术领域新颖的微观世界结构,这一次的主要元素是人类大脑中的神经元连接和神经节点。人类大脑通过神经突触之间释放的化学物质"递质"进行联系,所以直观反映大脑运作模式的视觉图像往往是不同的神经突触。这件雕塑作品就用高度反射的不锈钢塑造了一组这样的神经突触,结合背景墙上以几何元素、其他神经网络图为主的壁画,进一步突出打造了高科技感,给往来换乘的旅客留下了深刻的印象。

* 图 7-19 《Synposis》及周边环境 3

4．项目社会反响

为了避免过于高科技感和强烈反光给旅客造成的心理压力,用色中中性色占的比重其实有限,反而大量出现粉红、橙色等暖色,有效达到了缓解地铁乘客紧张的设计初衷,受到乘客广泛的欢迎。(见图 7-17 至图 7-19)

5．学习要点

从那不勒斯地铁站的经验来看,艺术与功能并不互相矛盾,高度艺术化并不意味着功能的缺失,设计中对盲道、标识、无障碍设施等一丝不苟,这是作品成功带来的巨大启迪。

7.3.4 英国纽卡斯尔纪念碑地铁站《电路》

1．项目选址

在前面多处已经介绍过英国北部工业城市纽卡斯尔在重工业衰落的背景下,如何通过公共艺术地标建设和促进创意产业发展来达到城市转型升级的故事。在宏伟的《北方天使》和纽卡斯尔大学里深邃的《一代人》等作品之外,一些不起眼处的小作品也是这座城市艺术氛围的重要组成部分。

2．项目背景与作者

从 2008 年开始,英国政府投资 2.553 亿英镑,用以更新纽卡斯尔的 Tyne & Wear 地铁路网,新的编组列车、新的通信系统、新的线路和接触网等,使得纽卡斯尔地铁面貌一新。

其中不可缺少的就是高质量的公共艺术作品。由艺术家 Richard Cole 创作的《电路》就是其中的典型代表。

3．作品形式与主题

与那不勒斯地铁站的主旨类似,《电路》也是通过科技化的视觉语言突出具有普遍意义的科技主题,只不过前者选用生物科学领域的元素,后者选

* 图 7-17 《Synposis》及周边环境 1

* 图 7-18 《Synposis》及周边环境 2

用物理学科的视觉元素——集成电路。(见图7-20
至图7-22)

图7-20　从地铁站入口处看《电路》

✳ **图7-21　入口两侧墙壁的《电路》**

✳ **图7-22　入口地面的《电路》**

集成电路是当代人都很熟悉的半导体器件,几乎存在于电视、电脑等所有日常家用电器中。它其实是将具有一定功能的电路所需的半导体、电阻、电容等元件及它们之间的连接导线,集成在一小块硅片上,然后加以焊接封装的电子器件。选用这一形式并进行艺术处理,能够达到被不同文化背景的旅客所理解、接受的设计目的。设计者在雕塑语言的可实现范围内,将集成电路的形式按照自己的理解进行了简化和抽象化处理,使原本多样的结构简化为圆点和线路,这里的圆点似乎代表在新一代集成电路上代替引脚的球形触点阵列。

当然,具体到细节上,可以清晰看出作者是以一个基本型不断进行复制粘贴得到的整体图案,这多少减弱了整体的科技感效果。也就是说,作者显然没有寻求模数化设计手段的介入,因此造成了略显单调的视觉效果。如果借助数字化设计软件并进行合理编程,应该可以得到总体类似,细节又有不同,且符合统一、渐变、疏密得当原则的视觉效果。

>>>>>> **4. 项目社会反响**

设计者还将这种带有浮雕性质的形式语言,与挑选的特定空间环境紧密结合,即地铁出入口两侧墙壁以及地面。布置在这里的作品丝毫不会阻碍交通流线,还具有最广泛的视线接触,能够有效使观众和游客浸润在科技文化和数字化时代背景下,更突出了纽卡斯尔整座城市不断通过科技研发向产业链高端攀升的大战略,是一件在主题上成功的作品。作品落成后获得市民的广泛认可,也为这座传统意义上的重工业城市转型升级做出了贡献。

>>>>>> **5. 学习要点**

其实,地铁站台与建筑内环境特别是机场航站楼等环境十分相像,同样需要解决拥挤人流、有限空间,化解旅客紧张情绪的问题。但更大的不同之处在于,机场航站楼面对的主要旅客群体是四面八方的,甚至可能不同文化背景的外国人居多,而城市地铁的主要使用者还是本地居民。因此我们看到地铁公共艺术建设力求文化传承是有事实依据的,日本北海道地铁就是这方面的典型案例。

7.4 地铁空间环境与公共艺术结合的本土实践——北京地铁《生旦净丑》

1. 项目选址

近年来,地铁系统在我国大中城市中得到了空前快速的发展,在世界上客流量最大的前9位地铁系统中,我国就占了4个,分别是北京、上海、广州和香港。由于经济与社会发展程度不同,我国地铁在发展初始阶段的主要使命是快速、安全、高效地达到旅客输送的任务,对地铁空间美化环境、传承文化的功能还重视不足。虽然在20世纪80年代,北京地铁2号线建国门站就已经安排了著名画家袁运甫创作的壁画《天文纵横》、北京地铁13号线西直门站安排了老一辈著名画家张仃创作的壁画《大江东去图》和《燕山长城图》等,但相比欧美地铁公共艺术建设的力度还有诸多不足。毕竟,欧美国家在此领域已有多年持续投资和深入研究,因此直接进行规模上的横比是不客观的。

2. 项目背景与作者

还是以北京市为例,在经历多条线路建设后,在2012年开始运营的6号线一期工程中,公共艺术建设开始成为重点。北京地铁6号线横贯了北京东西两向,由26个车站组成。在这26个车站中,包含着16个艺术车站,其中的北海北站、南锣鼓巷站、东四站和朝阳门站为艺术品重点站。如果以车公庄站为重点阐述,其内部主要公共艺术《生旦净丑》可以作为中国近年来地铁公共艺术建设的一个缩影。

3. 作品形式与主题

北京地铁6号线车公庄站位置重要,著名的文化地标性建筑梅兰芳大剧院、国家京剧院均在附近,因此中国国粹京剧元素就成为设计者的首选。"生、旦、净、丑"是京剧的行当,也最容易成为京剧的象征视觉语言。(见图7-23和图7-24)

该作品在手法上独具一格,即将中国传统民间

图 7-23　北京地铁《生旦净丑》远景

图 7-24　北京地铁《生旦净丑》近景

剪纸艺术、透雕艺术加以结合,达到了欧美国家二维剪影公共艺术的综合效果。生、旦、净、丑四大行当的形象,辅之以戏剧舞台上的传统建筑剪影,综合达到了文化传承、促进中华国粹传播的目的,也为繁忙、拥挤的地铁站增添了几分人文意蕴,更成为外地游客慕名探访的景点之一。

4. 项目社会反响

当然,结合北京其他地铁线路公共艺术建设的案例来看,目前也有一些批评声音,主要集中在北京地铁公共艺术形式,多为传统的浮雕、透雕样式,缺少趣味性。我们相信,这些发展中的问题会随着北京国际化程度的提高和艺术招标范围的逐渐扩

大而得到改善。

5. 学习要点

地铁公共艺术由于所在环境的特殊性,比如相对狭窄、人流高度密集,又呈现出多种艺术形式并存甚至高度融合的特点。很多作品很难再说是传统的圆雕、浮雕,或说是建筑设计、室内设计和工业设计作品,日本东京地铁大江户线饭田桥站和意大利那不勒斯大学地铁站都是这一领域的典型案例。只有具有跨学科背景的人才才能更好地适应这一形势。同时,地铁环境的特殊性也要求其决策者进一步拓宽思路,转变传统视角,以更好更快地建设高质量地铁公共艺术作品,繁荣所在城市文化。

7.5 延展阅读、开放性探讨和创意训练

延展阅读:公共艺术与"黑色幽默"

如何正确理解《地下生活》等公共艺术,离不开对文艺理论中"黑色幽默"这一概念的深入分析。在幽默的世界里,存在与普通幽默截然不同的类型——黑色幽默。不论是以小说、电影还是造型艺术为载体,黑色幽默都有一个显著特征,在看似欢乐、热情,甚至异想天开的表象背后,却是充满矛盾甚至丑恶的社会现实,观众在笑过之后不免感到沉重、苦涩。通常只有最具批判精神的艺术家才能创作出带有黑色幽默特征的公共艺术品,也只有有一定生活阅历的成年观众才能准确理解其中的含义,艺术大师卓别林的《摩登时代》就是经典案例。事实上,与普通幽默——人对动物人性化趋势做出反应相比,黑色幽默的重要特征就是人的物质化,反映社会对人的异化。《地下生活》中青铜小人头部变成钱袋就是这一手法最直观的体现,可谓一针见血、鞭辟入里。

开放性探讨

话题1:在了解了美国和瑞典等国的地铁公共艺术后,你认为偏向艺术和偏向环境设计的地铁公共艺术建设方向各有何利弊?

话题2:你认为作者是否具有跨学科背景,在地铁公共艺术创作中扮演着怎样重要的角色?

话题3:我国人口密度大,建设速度快,你认为中国城市在建设地铁环境公共艺术中特别需要注意哪些因素?

创意训练

要求:借鉴世界范围内地铁环境公共艺术设计的经典案例,活用创意思维,紧密结合所选择的地铁环境的特征,完成一件公共艺术概念设计,要求环境契合度高、主题意义突出、形式感优美、功能便利性强、图纸表达完整。

案例 针对地铁环境的公共艺术设计——《起风的诗》

设计者:罗宇涵

指导教师:王鹤

设计周期:7周

介绍:由于地铁环境的特殊性,在训练中并未强调太多,同学们选择这一环境进行设计的案例也不够积极。因此该方案是少见的针对地铁环境设计的能动公共艺术。作品充分利用环境特点为实现自身主题意义服务,达到设计的初衷。

环境契合度:8分。作者对天津市鞍山道地铁站的地形和气流环境进行周密调研,挑选在台阶处设计结合图像的能动公共艺术,相框中出现的人物仿佛正在吹气,使风车转动,但实际上是地铁入口巨大的气流使然,总体布局很有新意,安全性也得到考虑,总体达到设计初衷。

主题意义:8分。作品对能动相框的运用可以说在一定程度上借鉴了乔玛·帕兰萨在芝加哥《皇冠喷泉》中的手法,带有表现普通市民形象,传承城市记忆与认同感的意义。不足之处在于作者对此介绍较少,影响主题表达。

形式美感:9分。能动作品的形式美感与其他公共艺术有所不同,具有能动性就达到设计要求。形式上的不足之处在于尺寸偏小,风车与相框结合略显生硬,而且对色彩考虑偏少。

功能便利性:6分。在实现能动功能外,风车过于突出在外,易于损坏,应当对后期维护问题做更深入的考虑。

图纸表达:作品的图纸表达在底色、信息标注等方面基本达到要求,不足之处在于信息过多且略显杂乱。这也是一年级同学的通病,即对自己的手稿、调研等内容不忍心舍弃。随着训练的不断深入,对信息的取舍能力才会逐渐增强。(见图7-25)

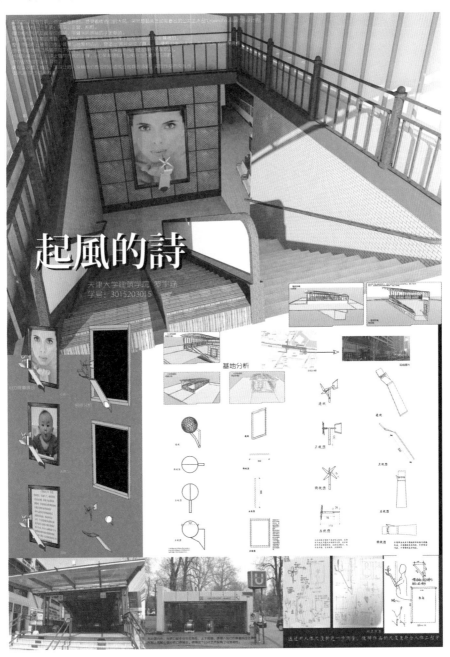

✳ 图7-25 《起风的诗》

第8章

公路沿线环境公共艺术精品案例赏析

GONGLU YANXIAN HUANJING GONGGONG YISHU JINGPIN
ANLI SHANGXI

公路沿线是城市人工系统的有机组成部分,承担着客流及货物运输的重要功能。在公路沿线进行建设(包括城市雕塑、公共艺术在内的),对丰富景观、提升文化层次具有至关重要的作用。目前,我国高速公路和其他类型公路建设在世界上居于领先地位,但与此同时,公路沿线景观雕塑的建设却出现了一些问题。特别是当前存在这样一种观点:"在高速公路沿线这个特定的空间中,人们对雕塑的观赏需求与其他空间中的雕塑大不相同,人们是通过行驶过程中的快速移动方式来观赏……正因为如此,这一空间环境与其他空间环境存在很大的差异。这一空间中的雕塑与其他空间中的雕塑也具有很大的差异,其观赏过程不仅是瞬间性的,还有视觉延迟的特性。"事实上,不论从实践上来看,还是从理论上来看,这样的定论都不能说经过了时间的考验,如果不顾雕塑艺术自身规律和场地实际情况就应用于实践中,就会产生资源浪费和舆论争议的失败案例。

总体来看,公路沿线公共艺术建设是一个科技含量非常高的跨学科领域,具体涉及设计学、环境行为心理学、建筑学、规划学、审美心理学、交通运输学等多个学科。并且牵涉多个层面,建设得好可以有效美化环境,建设得不好则影响安全。这就需要相关管理、论证和设计方法,在跨学科协同的背景下,积极开展研究工作,大力推动设计理论创新,不墨守成规,力求采用更适合公路沿线形态及其功能属性的艺术形式。

下面将通过公路沿线公共艺术的早期探索、不同分支和当今发展趋势等模块全景展现这一特殊类型公共艺术的历史脉络,并探索其未来一段时间的发展趋势。

8.1 公路沿线环境与公共艺术结合的典范——英国《北方天使》

英国近年来在"以文化为导向的城市复兴"战略框架下开展的景观雕塑重点项目,大多选择重要公路、铁路沿线,早期英国公共艺术的代表——《北方天使》就是其中的代表。

54米高,50米宽,仅从抽象的数字很难体味到《北方天使》之大。但如果将它与人们熟悉的巨无霸波音747相比,就会发现尽管在长度上前者稍短,但两者的双翼展开,宽度已非常接近。难怪当其伸展双翼矗立在英格兰北部清冷的旷野时,视觉效果撼人心魄。

»»»» 1. 项目选址

雕像所在地小城盖茨黑德的支柱产业煤矿和钢铁已衰落多年,大量的年轻人出走,产业空心化似乎不可挽回。早已步入福利社会并已接受后现代美学观念的英国人,选择了通过建设超大型公共艺术来促进旅游,聚拢人气的办法。他们请来了艺术家安东尼·葛姆雷。后者根据自己的宗教观和

艺术观,提出了巨型天使雕像的最初构想。(见图8-1)

❋ 图8-1 纽卡斯尔港口远眺

»»»» 2. 项目背景与作者

在当代英国艺术家中,安东尼·葛姆雷以关注

人类社会精神缺失问题著称。选择天使,更多的是向当地在艰苦地下环境中劳作 200 年的煤矿工人致敬。如他自己所言,地上的天使与地下的劳作能够产生"一种诗意的共振"。同时,材料毫无争议地选择当地出产的钢铁以体现文脉传承并产生现实效益。(见图 8-2)

❋ 图 8-2 《北方天使》以尺寸巨大著称

3. 作品形式与主题

如此尺寸的巨型雕像,如果沿用《自由女神像》那样的传统具象造型方式,形态的塑造将需要大量高素质劳动力,逐次放大的漫长过程也将使造价达到难以控制的地步。在这一点上,新兴的公共艺术提供了大量新颖的造型方式,安东尼·葛姆雷选择的板材插接就是其中一种。如果仔细观察《北方天使》,会发现雕像其实是由大量符合人体轮廓的板材组构而成的,少了细节,就可以直接从小比例模型放大到等比例完稿,所需的主要是切割和焊接工作。天使的翅膀则干脆选择平直形态,更便于模数化放大和加工。有利就有弊。这种板材插接的方式极大地增加了风阻,考虑到所在地可观的风速以及雕像较小的接地面积,安全性堪忧。为此,作者设计了插入岩石层 21 米深的基础,雕像仅重 200 吨,而基础则重达 600 吨,再加之选用具有抗腐蚀特性的优质耐候钢材,足以抵御时速 160 公里的大风。巨像被分为 100 吨重的身体和各 50 吨重的一对翅膀制造和运输。考虑到检修问题,身体内部中空,并在肩胛骨部分设计了出口。(见图 8-3 至图 8-6)

❋ 图 8-3 《北方天使》占据铁路与公路沿线的理想位置

❋ 图 8-4 阳光下,《北方天使》的插接结构十分显眼

❋ 图 8-5 《北方天使》近景

图8-6 《北方天使》正在吊装翅膀部分

于"城市中心"和"社区"之前,并且计算作品落成后单位时间内乘坐交通工具通过的人数。在此量化基础上确定作品的主题、形态和规模,保证了科学性,提高了作品成功的概率。《北方天使》在选址上就强调俯瞰盖茨黑德的 A1 号公路以保证每天至少有 9 万名司机可以看到该景观。同时所有乘火车沿伦敦到爱丁堡主线的乘客在经过纽卡斯尔时也是如此。(见图 8-7)

▶▶▶▶▶ 4. 项目社会反响

《北方天使》从 1994 年动工,1998 年 2 月 16 日落成。成本总计 80 万英镑,全部由国家彩票基金支出。就工程规模而言,这一成本相当低廉。大量观赏者提升了《北方天使》的知名度,促使所在地旅游业繁荣,年轻人停止外流,整个城市向知识经济顺利转型。

▶▶▶▶▶ 5. 学习要点

需要看到,英国在"城市复兴"引导下开展的公共艺术建设,更是将"城市入口"类型放在首位,居

❋ 图8-7 《北方天使》是公路沿线公共艺术的成功范例

8.2 公路沿线环境与公共艺术结合的创新——巴尔的摩《Bus》等

进入 21 世纪第 2 个 10 年后,公路沿线公共艺术的建设得到了空前的重视,诞生了诸多适应这一环境类型的新形式、新技术,出现了多个具有较大研究价值的最新案例。

8.2.1 巴尔的摩《Bus》

▶▶▶▶▶ 1. 项目选址

巴尔的摩既是美国马里兰州最大的城市,又是

美国大西洋沿岸重要的海港城市,距离美国首都华盛顿仅有 60 多公里,地理位置重要,社会经济发展程度较高。

在美国文化版图上,巴尔的摩也具有重要的地位,其以美国国歌诞生地著称。城内种族多样化程度较高,因此通过公共艺术发展来提供社会福利,凝聚社会共识一直被市政机构高度重视。最新的尝试,就是巴尔的摩街道上造型新颖的《Bus》。(见图 8-8 和图 8-9)

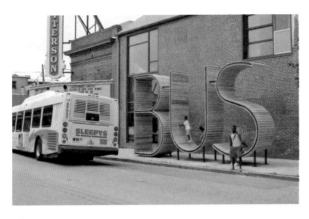

※ 图 8-8 巴尔的摩《Bus》

※ 图 8-9 从这个角度可以看出《Bus》的厚度

※ 图 8-10 《Bus》可以方便乘坐

※ 图 8-11 《Bus》的孔洞可以容成人站立,适合游戏

>>>>>> 2. 项目背景与作者

等公交车从来都是一种无聊甚至急躁的体验,这对于普及公共交通,提倡低碳出行很不利。基于此,由当地政府和欧盟国家文化协会合作,在一项"交通:创意定点"的项目框架下,由西班牙艺术设计团队 Mmmm 完成了一项巴尔的摩公交车站的设计。

>>>>>> 3. 作品形式与主题

方案采用了有悠久历史的二维字母厚度拉伸法,这是从印第安纳的《Love》以来公共艺术设计屡试不爽的方法。团队直接取单词"Bus"的字形,根据人体尺寸、道路宽度和相关规范设定 14 英尺(约合 4.3 米)的高度,以强度高的钢材为骨架,以木材为表皮材料。既借重木材的生态属性,又提供舒适的乘坐体验。(见图 8-10 至图 8-12)

※ 图 8-12 《Bus》的部分正在加工

>>>>>> 4. 项目社会反响

《Bus》的字形经过设计后提供丰富的使用功能。"B"的下部高度可以容纳成年人避雨。"U"和"S"的底部达到 45 厘米的高度以适合乘客休息,更主要的是还可供孩子攀爬玩耍,《Bus》得到巴尔的

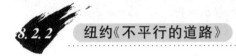

摩市民广泛的欢迎。

5. 学习要点

经过设计后的公交车站在形式上顺应道路沿线的空间形态,主题上契合交通内涵,功能丰富合理,充分达到设计者"将等候公交车变为一种有趣的体验,在繁忙城市中提供一个休闲的空间"的初衷。

8.2.2 纽约《不平行的道路》

1. 项目选址

2013 年 10 月 3 日在纽约布鲁克林第三大街和第四大街中间的道路上,落成了一件形式新颖的公路沿线公共艺术。这件作品初看上去形式颇为简单,两根黄色的铝合金带绵延 140 英尺(约合42.672米),宽约 1 英尺,时高时低,此起彼伏,如波浪一般富于形式美感。但开车路过的行人看到往往都会会心一笑,因为这件作品其实是戏谑地表现了公路上重要的标志——双黄线。(见图 8-13 和图 8-14)

✳ 图 8-14 《不平行的道路》绵延很长

2. 项目背景与作者

双黄线在世界大多数国家的交通规则中都是区分不同方向车道的重要标志。往往有严禁跨越的意义。但在纽约这样的大都市,每日通勤的交通方式多样,步行、骑车、开车等,因此交通系统格外复杂。在这样的道路上,不但不同的交通方式发生交织,每个人在通勤途中还会从事自己的工作,各种事件、人际关系都会在此交织。因此,作者艾米丽·维斯科夫(Emily Weiskopf)事实上是想通过这件作品表达自己对这一复杂甚至于混乱状况的态度。作者认为这样飘忽不定、有些纷乱的"双黄线"影射了道路的本质,即它从来就不是笔直、单一和简单的,每个人都只能用幽默乐观的态度去面对。在公共艺术传达幽默的手法中,《不平行的道路》属于将无生命物体拟人化,或在一定范围内扭曲物理定律,这一手法对环境要求低,成功率高,因此应用比较普遍。(见图 8-15 至图 8-17)

✳ 图 8-13 《不平行的道路》与周边环境

※ 图8-15　车流中的《不平行的道路》1

※ 图8-16　车流中的《不平行的道路》2

※ 图8-17　作者与作品合影

>>>>> **3. 作品形式与主题**

这件作品的主题还不仅于此，欧美公共艺术如同影视剧等其他文艺作品一样，往往紧跟科技最新发展，并力求表现，对很多科技、伦理问题有深入独立的思考。比如《不平行的道路》就引申为当前科技生活领域最时尚的概念"无人驾驶"，谷歌眼镜、能够自动驾驶的汽车、GPS 和智能手机定位已经

成为现代生活不可或缺的元素。而在各种无人驾驶的尝试中，最普遍的做法是在马路中央双黄线内埋设"智能设施"，从而将人从驾驶中解放出来，甚至将降低事故率变为可能。在那样的科技前景中，这条双黄线将不再是一条标志，而是引领人们前往目的地的能动要素。

从形式上来看，作品巧妙地发掘生活中常见但具有幽默潜质和引申空间的物体进行变形处理，符合形式美规律，与原本的环境形态高度契合。形式简洁鲜明，主题直白扼要，能够被作为主要观众的驾驶员快速无障碍地理解。（见图 8-18 至图 8-21）

※ 图8-18　作品有效地活跃了周边气氛

※ 图8-19　《不平行的道路》全景

※ 图8-20　另一视角下的《不平行的道路》

※ 图8-21　《不平行的道路》近景

4. 项目社会反响

　　更主要的是,这件作品其实是负责道路管理的交通部门的艺术项目,即在 D. O. T Urban Art program 的支持下完成的。D. O. T 是交通部 Department of Transportation 的首字母的缩写。按照其介绍:"D. O. T 的使命是为纽约市的人货流动提供安全、高效率和环保的环境,并维护和加强与经济活力和纽约市居民的生活质量攸关的交通基础建设。"这也是《不平行的道路》能够与公路沿

线这样牵涉面广的环境紧密结合的关键所在。

5. 学习要点

　　作为公路沿线环境的公共艺术,作品在高度上的控制和非常通透的处理,不阻碍驾驶员和过马路的市民的视线,具有人体工程学上的合理性。

8.2.3　卡尔加里《Transit Story》

　　从 20 世纪后期以来,城市轨道交通的崛起诞生了城市中一种特殊的新型交通沿线环境空间。相对于城市公交系统中的有轨电车、导轨胶轮列车等形象上很接近的交通工具,城市轨道交通轻轨列车是利用自动化信号系统控制,运行在跨座式单轨上的列车,与地铁更为接近,只不过一个运行在地下,一个运行在地上。进入 21 世纪后,许多城市空间日趋紧张,地铁施工技术门槛下降,这样轻轨占用地上空间较多的弊端就显露出来。在国内许多城市中,轻轨往往与地铁搭配建设,天津地铁 9 号线就是典型。

1. 项目选址

　　加拿大阿尔伯塔省卡尔加里市是加拿大能源中心,众多石油公司总部设置于此,还曾举办 1988 年冬季奥运会。卡尔加里市早在 20 世纪 80 年代就建设了四通八达的城市轻轨系统,在交通体系中发挥了重要的作用。但经过较长时间的使用,设施已经渐趋破败,停车场、照明系统等已不能满足市民的要求。因此卡尔加里市从 21 世纪开始推动"2003 17 街区"总体规划,意图将轻轨交通走廊建成一座"线性的花园",连接两端的两座大型公园。为了顺应时代的发展,拓宽步行空间,增加绿植面积,改善了标识设施等。车站改为钢结构配以大面积玻璃顶棚,视野大幅改善,与周边商业、办公等其他功能空间的结合也更为紧密。

2. 项目背景与作者

　　在这一规划中,高水平的公共艺术必不可少,其中位于 Centre Street 轻轨站平台的公共艺术《Transit Story》最具代表性。对于作者温哥华的视觉设计师吉尔安·霍尔特来说,从图像中寻求灵

感,利用瞬间定格来表达城市意向,唤起游客短暂的视觉记忆是她最擅长的。加之女性观察细腻的特点,她通过简单的,甚至有些像素化变形的形象表现了那些夹着公文包的公务员、手牵着手的母子、我们常说的"低头族"等,成功浓缩表现了一座城市公众的各种类型与方方面面的生活瞬间。"Transit Story"可译为"中转的故事",广泛地选取形象也是呼应了这一主题。(见图 8-22 至图 8-27)

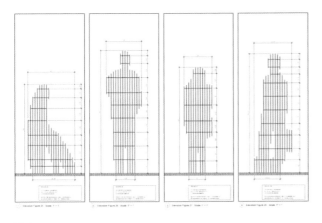

❋ 图 8-22 《Transit Story》设计图

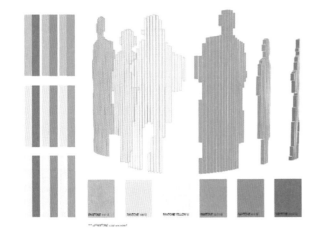

❋ 图 8-23 《Transit Story》色彩设计方案

>>>>>> **3. 作品形式与主题**

作品由数组共 30 个钢制人物作品组成,这件作品初看并无太多独特之处,很典型的剪影处理手法,不同的颜色处理等。但如果进一步观察和结合环境分析,会发现很多出众之处。

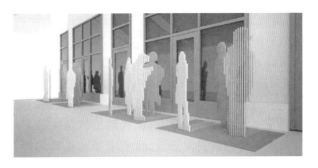

❋ 图 8-24 《Transit Story》效果图

❋ 图 8-25 《Transit Story》中的一组 1

❋ 图 8-26 《Transit Story》中的一组 2

❋ 图 8-27 《Transit Story》中的一组 3

首先,从大效果上来看,作者利用剪影人物视觉形象鲜明的优点,通过大量剪影人物连续使用来规避其形象单调、简单的弱点,并通过红、黄、蓝等颜色来加以区分。人物边缘并不整齐,前后排列但基本沿线性延伸开来,因此无论是坐在轻轨上的乘客还是在站台步行的公众,从他们的视觉来看,都能形成连续性的视觉形象,没有明显的视觉中断。同时在黄色或蓝色的剪影人物中,又通过色调的深浅来区分每个具体的人物,整体中又有变化,沉稳中又不乏活跃。(见图8-28至图8-31)

❋ **图8-30 作品可以提供一定程度的围合感与隐私氛围**

❋ **图8-28 作品很适合等车的人倚靠休息**

❋ **图8-29 作品结合灯光的效果也很好**

❋ **图8-31 作品具有浓厚的人文意蕴**

其次,作为都市中的公共艺术,面对轻轨车站这样一个人流来源多样、人流密集度高的环境来说,形象简洁、直白,理解上无歧义,能够引起大多数人共鸣是很重要的。

❯❯❯❯ 4. 项目社会反响

最后需要看到,作品与轻轨车站整修后的建筑

环境联系紧密。在由钢结构和玻璃组成的车站,选择钢材作为公共艺术的基本材质很理想。更有趣的是作品的选址,作品其实是和站台上的通风、排水槽一体,采用了同样的垂直、水平框架结构,结构坚固,安装简便,在环境中也毫无突兀之感。虽然功能不是主要考虑的,但大多数作品是可以供乘车者倚靠的。基于人体工程学的原理,在轻轨车站这样空间狭窄、人流密集、流动速率快的环境,仅仅倚靠就能满足大多数人的休息需求,这与公园、广场、步行街等环境的休息设施设计完全不同。

❯❯❯❯ 5. 学习要点

综上所述,《Transit Story》的作者紧密结合道路沿线的特定环境,进行了颇具巧思的设计,充分实现了设计的初衷,达到了理想的效果。

8.3 公路沿线环境与公共艺术结合的本土实践——南宁《盛开的朱槿》

1. 项目背景与作者

朱槿花又名扶桑、中国蔷薇,花色多为大红,既是广西壮族自治区区花,又是南宁市市花。因此选用朱槿花为主题创作南宁市标志性城市雕塑是合理的选择。南宁市政府没有选择持有《城市雕塑设计资格证书》的艺术家,而是委托澳大利亚 DCM 建筑事务所开展设计。该事务所以风格简洁、纯净著称,在世界范围内享有盛誉,但其作品中并没有城市雕塑的先例。建筑师通常比艺术家更擅长新材料、新理念的运用,DCM 建筑事务所根据作品基地位于桂南高速进入南宁市区入口的地形地貌,创新性地设计了十片大型红色钢板"花瓣",散落布置在 800 多米的山坡上。设计思路重点满足汽车中的观众需求,如果车速适当,应当可以看到朱槿花花瓣竞相散开的景象,名为《盛开的朱槿》(又称《"朱槿花"雕塑》)。(见图 8-32)

❋ 图 8-32 《盛开的朱槿》在适当的角度可以看到完整的形象

2. 项目引起的争议

该作品从 2002 年落成那一刻起,就一直处于

剧烈的批评中,来自南宁文化界和市民的反对声格外强烈。广西政协常委、著名画家吴学斌指出该作品没有达到理想的效果:"第一眼看到的是有点像花的钢铁建筑物,可越往近看越变形,像一堆东倒西歪、四分五裂的飞机残骸,又像是被竹扫把拍落地上的蜻蜓残翼。"吴学斌还在区政协会议上提交了《建议拆除影响南宁市形象和市容的建筑物》的提案。在未受过专业艺术教育的普通市民的观点中,有一种特别具有代表性,即这种分散布置的花瓣造型特别像刀刃,这在商业界人士看来尤其是一种不吉利的观感。基于多种原因,施工人员从 2010 年 4 月开始拆除《盛开的朱槿》。先切割根部,然后将花瓣切割成小块运走,这种拆除方式已经注定了这是一次彻底的拆除,完全没有择时异地重新安置的考虑。从必须在同年 5 月 1 日前拆除完毕这一时间节点来看,这应当属于迎"五一"市容整治行动中的一个个案。

《盛开的朱槿》的问题看似存在很多偶然原因,但如果结合地形图仔细分析就会发现三个必然因素。

一是,设计者重视了公路沿线时间上的顺序性,但忽视了观赏者空间的可变性。虽然有少数观众表示在车速适当的情况下能够感受到花开的形象,但大多数观众并不认同。特别是更多抨击意见来自附近公众,他们是从静止的角度来看雕塑的。更不必说理想视觉效果无法反映在摄影中,因此公众意见经由大众媒体发酵,转化成强烈的批评。不能仅仅将此归于公众缺乏审美素养,而应看到其背后的心理学因素。就像审美心理学家鲁道夫·阿恩海姆(Rudolf Arnhrim)在《艺术与视知觉》一书中指出的,"如果一个事物形状由一些点构成,那么只有脑部受伤的人才会一个点一个点地感知,判定事物的形状。正常人则'一眼就抓住了眼前物体的粗略的结构本质',但前提是事物必须以人能够正

常感知的方式出现。"换句话来说,寄希望于处于移动交通工具中的人,顺利将分散在800米范围内的10片花瓣知觉为一个整体,违背了审美心理学的基本法则。不能保证视觉效果的稳定性,不能保证大多数观众的视觉感受,这是作品失败的首因。(见图8-33和图8-34)

✳ 图8-33　作品的10片花瓣的结构是分散的

二是,设计者虽然运用了创新的理念,应当也通过调研、模型建构和试验等方式验证设计的正确性。但是,城市雕塑与景观不同,"移步换景"手法在景观设计中行之有效,但是受众对城市雕塑的需求更多的还是精神层面的,如何感受到具体的形态,并体味蕴含其中的文化意境是最重要的。因此,没有呈现完整的表现对象的形态,违背了城市雕塑创作的基本规律,也是该作品失败的原因之一。

三是,过多考虑技术细节,而对公路沿线雕塑的本质属性缺乏技术哲学层面的把握也是失败原因之一。公路与轨道交通不同,驾驶员需要自行控制车辆,存在很多不可控的风险。公路沿线的艺术作品应当具有最简明直白的造型、轮廓与主题,避免让驾驶员费解或分神。最理想的情况是,作品的存在以及表现出的主题能够对促进交通安全有帮助。

由《盛开的朱槿》案例可见,公路特别是高速公路沿线城市雕塑建设必须在深入调研的基础上慎重开展。这一案例同时也说明,良好的城市形象则能够影响潜在投资者、消费者、旅游者的行为决策,是宝贵的无形资产。目前我国高速公路和其他类型公路建设在世界上居于领先地位,但与此同时,公路沿线景观雕塑的建设却缺少战略层面的顶层设计,更无科学理论的支撑。当前的部分设计理念

过于注重乘坐移动交通工具的欣赏需求,放大了"视觉延迟的特性"。事实上,不论从实践的角度来看,还是从理论的角度来看,这样的定论都不能说经过了时间的考验,如果不顾雕塑艺术自身规律和场地实际情况就应用于实践中,就会产生资源浪费和舆论争议的失败案例。

从宏观的角度来看,我国公路交通大发展的时间不长,对公路沿线雕塑景观建设的科学测评方法、建设方法都还处于发展初期。基于当前中国国情,单纯依靠技术和艺术手段不能完全解决公路沿线雕塑景观建设的一系列问题,除了上述实践路径,更多还要从制度建设层面入手,多举措并用才能达到既治标又治本的目的。

✳ 图8-34　《盛开的朱槿》

8.4 延展阅读、开放性探讨和创意训练

延展阅读:公路沿线公共艺术近年来发展快速的原因

从历史的视角来看,公路沿线对公共艺术建设来说是一种开拓相对较晚的环境类型。这与其环境类型特殊、设计难度较高有直接关系。但随着科技的进步与历年的更新,21世纪以后公路沿线公共艺术得到新的发展,更多的驾驶员与乘客成为策划者与设计者心目中重要的观众,并引入了观众人数统计对经济拉动的量化分析,可以更好地说服人们同意在沿线这样一般并没有人居住和工作的地方建设公共艺术,这都是公路沿线公共艺术进入21世纪第2个10年发展越来越快的重要原因。

开放性探讨

话题1:你觉得公路沿线公共艺术建设与其他7种主要环境类型公共艺术最大的区别在哪里?

话题2:公路沿线公共艺术在避免司机分神方面要做出怎样的努力?

话题3:《盛开的朱槿》在中国遭遇的争议和最终的失败是否说明公路沿线公共艺术不适应中国国情?

创意训练

要求:借鉴世界范围内公路沿线公共艺术设计的经典案例,活用创意思维,紧密结合沿线环境特征,完成一件公共艺术概念设计,要求环境契合度高、主题意义突出、形式感优美、功能便利性强、图纸表达完整。

案例 针对道路沿线的公共艺术设计——《自动门》

设计者:申烁志

指导教师:王鹤

设计周期:7周

介绍:该方案结合大学校园环境,并没有选择公路沿线,而是挑选了步道环境作为公共艺术设计的基地。借鉴了超市便利店自动门的灵感来源,使人们关注到道路沿线的环境,如作者所言进行"再认知",成功实现了设计的初衷。

环境契合度:作品选址天津大学卫津路校区青年湖畔和花堤路,此处绿植较多,作品利用自动门来唤起游人认知,同时注意到了人体工程学的问题,环境契合度较高。

主题意义:公共艺术的一个重要因素就在于嵌入环境,提升环境品质。从这一点上来说,作品通过自动响应人的动作,使人们注意到周边的美景和绿植,主题意义达到了设计的目的。同时作品还运用清洁能源,进一步提升生态属性。

形式美感:作品借用了现成品的造型手法,直接将超市自动门的形式移植过来,容易被人们所接受,创作引起争议的风险较低。

功能便利性:作品在如何实现与人互动这一点上加入了生态设计,利用可降解塑料,顶部铺设太阳能板,为自身提供能源,避免从外部接入线缆,功能便利性强。

图纸表达:图纸表现中规中矩,底色通透,图纸表现力较强,对作品本身的表现过于简略,部分设计说明行距有待改善。(见图8-35)

自动门

便利店，感官觉醒和矛盾，再认知生态。

背景

"感官的觉醒"

便利店的感觉

设想
步道上的自动门

地点
青年湖畔，花堤路

结构
生态材料和能源

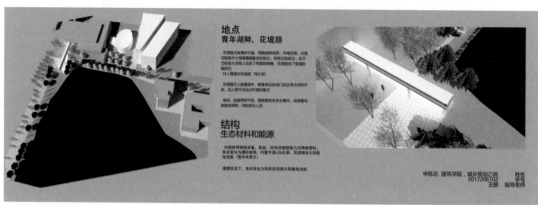

❋ 图 8-35 《自动门》

参 考 文 献

[1] [美] H.H.阿纳森,西方现代艺术史:绘画·雕塑·建筑[M].邹德侬,巴竹师,刘珽,译.天津:天津人民美术出版社,1986.

[2] [美]鲁道夫·阿恩海姆,艺术与视知觉[M].腾守尧,朱疆源,译.成都:四川人民出版社,1998.

[3] [美]艾迪斯·埃里克森.艺术史与艺术教育[M].宋献春,伍桂红,译.成都:四川人民出版社,1998.

[4] [美]拉尔夫·史密斯.艺术感觉与美育[M].腾守尧,译.成都:四川人民出版社,2000.

[5] [美]阿瑟·艾夫兰.西方艺术教育史[M].邢莉,常宁生,译.成都:四川人民出版社,2000.

[6] [美]帕森斯·布洛克.美学与艺术教育[M].李中泽,译.成都:四川人民出版社,1998.

[7] [美]布朗·柯赞尼克.艺术创造与艺术教育[M].马壮寰,译.成都:四川人民出版社,2000.

[8] [匈]阿诺德·豪泽尔.艺术社会学[M].居延安,译.上海:学林出版社,1987.

[9] [日]樋口正一郎.世界城市雕塑·欧洲卷[M].魏德辉,译.北京:中国建筑工业出版社,1997.

[10] [日]竹田直树.世界城市雕塑·日本卷[M].高履泰,译,北京:中国建筑工业出版社 1997.

[11] [日]樋口正一郎.世界城市雕塑·美国卷[M].李东,译,北京:中国建筑工业出版社,1997.

[12] 郑乃铭.艺术家看公共艺术[M].长春:吉林科学技术出版社,2002.

[13] 李福成,钟声.立体形态设计基础[M].上海:上海书店出版社,2007.

[14] 叶武,杨君宇.设计·三维形态[M].北京:北京理工大学出版社,2008.

[15] 黄健敏.百分比艺术[M].长春:吉林科学技术出版社,2002.

[16] 何灿群.人体工学与艺术设计[M].长沙:湖南大学出版社,2004.

[17] 吴玛俐.德国公共空间艺术新方向[M].吉林:吉林科学技术出版社 2002.

[18] 周益民.室外环境设计[M].武汉:湖北美术出版社,2002.

[19] 田云庆.室外环境设计基础[M].上海:上海人民美术出版社,2007.

[20] 翁剑青.公共艺术的观念与取向[M].北京:北京大学出版社 2002.

[21] 孙振华.公共艺术时代[M].南京:江苏美术出版社,2003.

[22] 陆蓉之.公共艺术的方位[M].台北:艺术家出版社,1994.

[23] 马钦忠.雕塑·空间·公共艺术[M].上海:学林出版社,2004.

[24] 杜兴梅.学术论文写作[M].广州:广东高等教育出版社,2010.

[25] 何智明.艺术设计类教材的编辑思考[J].编辑学刊,2011,(05).

[26] 韩超.浅谈设计艺术学论文写作的学术规范[J].牡丹江大学学报,2007,(04).

[27] 黄毅英,张侨平,丁锐.学术研究与论文写作应有的要素[J].教育科学研究,2012,(05).

[28] 黄合来.科研思维与论文写作之"5C"法则[J].学位与研究生教育,2011,(06).

[29] 段江飞,赵伟.四所美国研究型大学发展规划评述[J].中国高教研究,2003,(11).

[30] 刘少雪.美国著名大学通识教育课程概况[J].比较教育研究,2004,(04).

[32] 王利琳,丁东澜,季诚钧.构建"课堂教学、课外实践、科学研究"良性互动的公共艺术教育体系[D].中国大学教学,2012,(03).

[33] 董红普.高校公共艺术选修课教材开发与教学模式探究[J].教育与职业,2009,(30).

[34] 王鹤,张兵,赵世勇.公共艺术设计教材编写模式创新及其应用[J].理论与现代化,2013,(03).

[35] 王鹤.基于中国国情的公共艺术建设及管理策略研究[J].理论与现代化,2012,(02).

[36] 周梅.对综合性大学艺术设计教育的思考[J].教育与教学研究,2010,(06).

［37］庞海芍.大学公共艺术教育面临的困境与出路［J］.中国高教研究,2005,(12).

［38］金银.公共艺术教育的新形式——艺术设计通识教育［J］.云南艺术学院学报,2010,(01).

［39］黄珊.让设计艺术走进高校公共艺术教育［J］.装饰,2008 ,(01).

［40］郑曙旸.清华大学美术学院的研究型发展定位［J］.装饰,2010,(06).

［41］朱苏华.高校公共艺术教育课程建设与实施构想［J］.江苏高教.2012 ,(02).

［42］巢蓉.国内外大学公共艺术教育的比较与思考［J］.民族音乐,2008,(06).

［43］孙振华.走向生态文明的城市艺术［J］.雕塑,2012,(03).

［44］孟彤.公共艺术:学科还是泡沫［J］.美术观察,2011,(06).

［45］季欣.中国城市公共艺术现状及发展态势研究［J］.中国科技纵横,2010,(20).

［46］杜宏武,唐敏.城市公共艺术规划——由来·理论·方法［J］.四川建筑科学研究,2009,(05).

后　记

公园、广场、步行街、大学校园、滨水、建筑内外、地铁空间、公路沿线这八种环境概括了当今公共艺术实践的主要场所。开展针对这八种环境的公共艺术理论教学与设计实训，是帮助学习者掌握空间尺寸、环境物理与人文特征的重要步骤。从多年的教学反馈来看，这一教学模式能够有效提升相关专业学生的实践能力，从而为中国城市艺术实践培养富有创意、动手能力强的人才，为中国公共艺术的发展与文化软实力的提升提供有力的支持。

2016年我接受了华中科技大学出版社康序编辑的约稿，编写了《公共艺术设计——八种特定环境公共艺术设计》一书。囿于篇幅，该书偏重于实训，对每一种环境类型只能介绍一个经典案例和一个创新案例，重点在于介绍设计要点以及五个设计作业全流程解析。

与华中科技大学出版社合作的《公共艺术设计——八种特定环境公共艺术设计》一书交稿后，两个因素激发了我进一步深入研究。一是我主持的国家社科基金后期资助艺术学项目"世界范围公共艺术最新发展趋势研究"获批了，在不断深入研究的过程中，我越发产生了将研究成果第一时间转化为教学的动力。二是按照天津大学对在线开放课建设工作的统一安排，与智慧树平台合作，建设"全球公共艺术设计前沿"，并在智慧树平台和"爱课程平台"上线，众多在线学习者对课程配套教材，特别是理论性强的教材产生了较强的需求。这两个因素结合在一起，就是本书诞生的由来。

在本书的编写过程中，要感谢天津大学教务处对我教学创新一贯的大力支持。还要感谢两门课程中认真勤奋，积极投入，用优秀作业体现教学效果的天津大学建筑学院建筑学和城乡规划专业的多位同学。更要感谢华中科技大学出版社敬业勤奋的康序编辑。我们虽未曾谋面，但在几年里一直合作无间。从个人层面，可称为知音；从工作层面，可称为编作双方彼此理解的典范。希望我们之间的合作能够深入长久，也希望本书能够被全国范围的读者所喜欢。

王鹤

2018 年 9 月 28 日于北洋园